Web 前端技术丛书

Vue.js 3.x 快速入门

申思维 杜骁 著

清华大学出版社

北京

内 容 简 介

现在单页应用框架层出不穷,其中 Vue.js 是十分耀眼的项目之一,受到国内外开发人员的极度推崇。本书根据笔者公司多年的实际项目开发经验编写而成,详细介绍 Vue.js 3.x 企业应用快速开发技术。

全书共分 8 章,内容包括 Vue.js 概述、Vue.js 的安装、定义页面、渲染视图、路由、发送 HTTP 请求、表单的绑定和提交、打包、部署、解决 JS(JavaScript)的跨域问题、Debug、Component、Mixin、Vuex、页面的生命周期等,最后给出一个农产品销售实战案例供读者了解 Vue.js 项目的开发过程。

本书适合 Vue.js 初学者、Web 前端开发人员,也适合高等院校和培训机构的师生参考。

本书封面贴有清华大学出版社防伪标签,无标签者不得销售。
版权所有,侵权必究。举报:010-62782989,beiqinquan@tup.tsinghua.edu.cn。

图书在版编目(CIP)数据

Vue.js 3.x 快速入门 / 申思维,杜骁著. 一北京:清华大学出版社,2022.6 (2023.12重印)
(Web 前端技术丛书)
ISBN 978-7-302-60885-1

Ⅰ.①V… Ⅱ.①申… ②杜… Ⅲ.①网页制作工具-程序设计 Ⅳ.①P393.092.2

中国版本图书馆 CIP 数据核字(2022)第 083198 号

责任编辑:夏毓彦
封面设计:王 翔
责任校对:闫秀华
责任印制:宋 林

出版发行:清华大学出版社
网　　址:https://www.tup.com.cn,https://www.wqxuetang.com.cn
地　　址:北京清华大学学研大厦 A 座　　邮　编:100084
社 总 机:010-83470000　　邮　购:010-62786544
投稿与读者服务:010-62776969,c-service@tup.tsinghua.edu.cn
质量反馈:010-62772015,zhiliang@tup.tsinghua.edu.cn

印 装 者:艺通印刷(天津)有限公司
经　　销:全国新华书店
开　　本:190mm×260mm　　印　张:17.25　　字　数:465 千字
版　　次:2022 年 7 月第 1 版　　印　次:2023 年 12 月第 2 次印刷
定　　价:69.00 元

产品编号:095351-01

作者简介

申思维

个人主页 http://siwei.me。

软件行业老兵。stackoverflow.com 分数 17k，2001—2005 年本科就读于华南理工大学计算机学院软件技术专业，毕业后在北京工作，经历了人力外派、私企、中等规模外包公司、顶级外企和国内互联网知名企业：

- 2006—2009 年服务于必联北京、同方鼎欣。
- 2010—2012 年服务于摩托罗拉（移动）。
- 2013—2014 年服务于优酷。
- 2014 年至今担任明创软件创始人兼 CTO。

从事软件行业十七年，具有深厚的全栈开发功力。

- 后端技术背景：Java、Ruby on Rails、Python、全栈运维（DevOps）。
- 移动端与 H5 端技术背景：Android、Vue.js、React。

熟悉互联网运维，擅长技术团队的搭建、管理和人员培养。录制过 Ruby、Rails、Git、自动化部署、Vim 和程序员职业规划等教程和视频。对于国内的软件现状理解深刻，对于行业前景和职业规划有着非常独到的见解。目前重点专注区块链技术、网络安全和软件行业的相关培训。

杜 骁

个人主页 http://dxisn.com。

2012—2016 年本科就读于山东理工大学计算机科学专业。

从事软件行业全栈开发六年，精通前后端技术和全栈运维，一个人组建和培养团队，具备丰富的团队管理经验。现服务于某香港上市集团的内部创业科技公司。

- 后端技术背景：Ruby on Rails、Rust、Go、全栈运维（DevOps）。
- 区块链技术背景：智能合约 Solidity、Web3、EVM。
- 移动端与 H5 端技术背景：iOS、Objective C、Vue.js、ReactNative。

负责开发数十个大中型软件项目，项目曾服务于交通部研究院、国家体育总局、猿辅导（国内知名教育机构）、欧亚卖场（亚洲最大的卖场）、区块链智能合约应用、股票交易所等。

慕课网签约作者，Ruby 教程作者：http://www.imooc.com/wiki/rubylesson。

前言

本书是根据笔者在公司多年的实际项目开发经验编写的。

笔者从 2014 年开始创业，2016 年开始独立运作软件公司，至今做了几十个项目。在这些项目中，对于手机端的 Webpack 呼声最高，大部分项目都要求在手机端使用 Webpack 打包。

在使用 Vue.js 之前，笔者考察过 Angular（包括 1.x、2.x 版本）、React、Meteor。这几个框架要么是学习曲线陡峭，概念复杂，把简单的事情复杂化（如 Angular），要么就是编码风格不好，前后端代码混写在一起（如 React、Meteor）。而 Vue.js 是当时在 Stack Overflow 等国外技术站点上被一致看好的技术。

笔者第一次使用 Vue.js 1.x 是在 2016 年 4 月，使用后发现 Vue.js 入门特别快，稍微有一定 Webpack 开发经验的程序员在一周内就可以上手做项目，认真学习的话一个月就可以达到熟练水平（快速地开发项目），两三个月就可以达到高级水平（熟练使用 Vuex，自己写 Component 等）。这么快的上手速度，使用其他框架是不可想象的。总之，越是简洁的框架，就越好学。

后来，笔者在项目中使用它并一发不可收拾。只要是 H5 项目，就可以很好地用起来：快速开发、快速迭代、性能优异。

最后，Vue.js 不但为业内掀起一股快速开发的浪潮，还带来了大量的工作机会。几乎只要有软件开发需求的国内公司，都会把 Vue.js 作为前端 Web 的首选技术框架。

学习目标

本书起源于笔者公司的员工培训教程，学习完本书可以在极短的时间内（如一周）上手 Vue.js 项目。可以让读者：

- 看得懂代码。
- 可以编写一些基本的功能。
- 可以调试和部署。

这就算入门 H5 开发了。

使用说明

如果把文档分成两类：

- Guide：教程型文档。
- API：接口型文档。

本书就是入门的教程型文档。

书中出现的命令行统一以$作为开始。例如：

```
$ npm install
```

对命令行不熟悉的读者，在机器上输入命令时跳过前面的 $ 即可。

在线 Demo 与源代码下载

强烈建议读者阅读本书的时候，能同时查看在线 Demo 和源码，这样可以更好、更快地入门。如果下载遇到问题，请联系 booksaga@163.com，邮件主题为"Vue.js 3.x 快速入门"。

本书第 1~7 章：

Demo：http://vue3_demo.sweetysoft.com。

源码：https://github.com/sg552/vue3_lesson_demo。

本书第 8 章：

Demo（微信打开）：http://shoph5.sweetysoft.com。

前端源码：https://github.com/sg552/vue3_book_last_chapter_demo_frontend。

后端源码：https://github.com/sg552/vuejs_book_last_chapter_demo_backend。

版本说明

截至 2022 年 2 月，Vue.js 的版本是 3.2.29。本书中的所有示例都是在该版本下演示的。

如果读者是一位没有任何工作经验的新人，并且日常使用 Windows，建议使用 Sublime（免费）+ Git Bash（免费）就可以运行本书中的所有例子了。如果读者是一名有工作经验的老手，则 Linux、Mac 是非常好的选择。

那么，我们就开始一段令人兴奋的学习旅程吧！

作　者
2022 年 5 月

目　录

第 1 章　Vue.js 概述 1
1.1　单页应用的出现 1
1.2　为什么要使用 Vue.js 2
1.2.1　Web 应用 2
1.2.2　单页应用框架对比 5
1.2.3　备受腾讯和阿里巴巴青睐 7
1.2.4　用到 Vue.js 的项目 8
1.2.5　本书的使用说明 8

第 2 章　原生的 Vue.js 10
2.1　极速入门 10
2.2　实际项目 12
2.2.1　运行整个项目 12
2.2.2　HTML 代码的<head>部分 18
2.2.3　HTML 代码的<body>部分 19
2.2.4　JS 代码部分 20

第 3 章　Webpack+Vue.js 开发准备 25
3.1　学习过程 25
3.2　NVM、NPM 与 Node 26
3.2.1　在 Windows 下安装 NVM 27
3.2.2　在 Linux、Mac 下安装 NVM 30
3.2.3　运行 30
3.2.4　使用 NVM 安装或管理 Node 版本 31
3.2.5　删除 NVM 32

    3.2.6 加快 NVM 和 NPM 的下载速度 ··· 32
  3.3 Git 在 Windows 下的使用 ··· 32
    3.3.1 为什么要使用 Git Bash ··· 33
    3.3.2 安装 Git 客户端 ··· 33
    3.3.3 使用 Git Bash ··· 38
  3.4 Webpack ··· 39
    3.4.1 Webpack 的功能 ··· 40
    3.4.2 Webpack 的安装与使用 ··· 41
  3.5 开发环境的搭建 ··· 42
    3.5.1 安装 Vue.js ··· 42
    3.5.2 创建基于 Webpack 的 Vue.js 项目 ··· 42
  3.6 Webpack 下的 Vue.js 项目文件结构 ··· 45
    3.6.1 dist 文件夹 ··· 46
    3.6.2 node_modules 文件夹 ··· 46
    3.6.3 src 文件夹 ··· 48

第 4 章 Webpack+Vue.js 实战 ··· 49
  4.1 创建一个页面 ··· 49
    4.1.1 新建路由 ··· 49
    4.1.2 创建一个新的 View（视图文件） ··· 51
    4.1.3 为页面添加样式 ··· 52
    4.1.4 Webpack 项目与原生 Vue.js 项目的代码对应关系 ··· 53
  4.2 Vue.js 中的 ECMAScript ··· 54
    4.2.1 let、var、常量与全局变量 ··· 54
    4.2.2 导入代码——import ··· 55
    4.2.3 方便其他代码使用自身——export default {..} ··· 55
    4.2.4 ES 中的简写 ··· 56
    4.2.5 箭头函数（=>） ··· 57
    4.2.6 hash 中同名的 key、value 的简写 ··· 57
    4.2.7 省略分号 ··· 57
    4.2.8 解构赋值 ··· 58

目录 | VII

- 4.3 Vue.js 渲染页面的过程和原理 ··· 58
  - 4.3.1 渲染步骤 1：JS 入口文件 ··· 59
  - 4.3.2 渲染步骤 2：静态的 HTML 页面（index.html）··· 59
  - 4.3.3 渲染步骤 3：main.js 中的 Vue 定义 ··· 60
  - 4.3.4 渲染原理与实例 ··· 60
- 4.4 视图中的渲染 ··· 61
  - 4.4.1 渲染某个变量 ··· 61
  - 4.4.2 方法的声明和调用 ··· 62
  - 4.4.3 事件处理：v-on ··· 64
- 4.5 视图中的 Directive（指令）··· 64
  - 4.5.1 前提：在 Directive 中使用表达式（Expression）··· 65
  - 4.5.2 v-for（循环）··· 65
  - 4.5.3 v-if（判断）··· 67
  - 4.5.4 v-if 与 v-for 的结合使用与优先级 ··· 68
  - 4.5.5 v-bind（绑定）··· 70
  - 4.5.6 v-on（响应事件）··· 71
  - 4.5.7 v-model（模型）与双向绑定 ··· 73
- 4.6 发送 HTTP 请求 ··· 75
  - 4.6.1 调用 HTTP 请求 ··· 75
  - 4.6.2 远程接口的格式 ··· 79
  - 4.6.3 设置 Vue.js 开发服务器的代理 ··· 80
  - 4.6.4 打开页面，查看 HTTP 请求 ··· 81
  - 4.6.5 把结果渲染到页面中 ··· 82
  - 4.6.6 如何发起 POST 请求 ··· 83
- 4.7 不同页面间的参数传递 ··· 84
  - 4.7.1 回顾：现有的接口 ··· 84
  - 4.7.2 显示博客详情页 ··· 85
  - 4.7.3 新增路由 ··· 87
  - 4.7.4 修改博客列表页的跳转方式 1：使用事件 ··· 87
  - 4.7.5 修改博客列表页的跳转方式 2：使用 v-link ··· 89

- 4.8 路由 ... 90
  - 4.8.1 基本用法 ... 90
  - 4.8.2 跳转到某个路由时带上参数 ... 91
  - 4.8.3 根据路由获取参数 ... 92
- 4.9 使用样式 ... 92
- 4.10 双向绑定 ... 94
- 4.11 表单项目的绑定 ... 97
- 4.12 表单的提交 ... 99
- 4.13 Component 组件 ... 103
  - 4.13.1 如何查看文档 ... 103
  - 4.13.2 Component 的重要作用：重用代码 ... 103
  - 4.13.3 组件的创建 ... 104
  - 4.13.4 向组件中传递参数 ... 105
  - 4.13.5 在原生 Vue.js 中创建 Component ... 107

第 5 章 运维和发布 Vue.js 项目 ... 109

- 5.1 打包和部署 ... 109
  - 5.1.1 打包 ... 109
  - 5.1.2 部署 ... 111
- 5.2 解决域名问题与跨域问题 ... 113
  - 5.2.1 域名 404 问题 ... 114
  - 5.2.2 跨域问题 ... 115
  - 5.2.3 解决域名问题和跨域问题 ... 116
  - 5.2.4 解决 HTML5 路由模式下的刷新后 404 的问题 ... 118
- 5.3 如何 Debug ... 118
  - 5.3.1 时刻留意本地开发服务器 ... 119
  - 5.3.2 看 Developer Tools 提出的日志 ... 119
  - 5.3.3 查看页面给出的错误提示 ... 120
- 5.4 基本命令 ... 121
  - 5.4.1 建立新项目 ... 121
  - 5.4.2 安装所有的第三方包 ... 122

目录 | IX

  5.4.3 在本地运行 122

  5.4.4 打包编译 123

第 6 章 进阶知识 124

 6.1 JavaScript 的作用域与 this 124

  6.1.1 作用域 124

  6.1.2 this 126

  6.1.3 实战经验 127

 6.2 Mixin 129

 6.3 Computed Properties 和 Watchers 131

  6.3.1 典型例子 131

  6.3.2 Computed Properties 与普通方法的区别 132

  6.3.3 Watched Property 133

  6.3.4 Computed Property 的 setter（赋值函数） 136

 6.4 Component 进阶 137

  6.4.1 实际项目中的 Component 137

  6.4.2 Prop 139

  6.4.3 Attribute 142

 6.5 Slot（插槽） 142

  6.5.1 普通的 Slot 142

  6.5.2 named slot 144

  6.5.3 Slot 的默认值 145

 6.6 Vuex 145

  6.6.1 正常使用的顺序 146

  6.6.2 Computed 属性 149

  6.6.3 Vuex 原理图 150

 6.7 Vue.js 的生命周期 150

 6.8 Event Handler 事件处理 152

  6.8.1 支持的 Event 152

  6.8.2 使用 v-on 进行事件绑定 153

 6.9 Vue.js 对变量的监听的原理 161

  6.9.1 Proxy 对象 ··161

  6.9.2 Vue.js 内置的 track 与 trigger 方法 ··162

  6.9.3 双向绑定原则上只能作用于基本类型 ··163

6.10 与 CSS 预处理器结合使用 ··163

  6.10.1 SCSS ···164

  6.10.2 LESS ···164

  6.10.3 SASS ···165

  6.10.4 在 Vue.js 中使用 CSS 预编译器 ··166

6.11 自定义 Directive ··167

  6.11.1 例子 ··167

  6.11.2 自定义 Directive 的命名方法 ···168

  6.11.3 钩子方法（Hook Functions） ··168

  6.11.4 自定义 Directive 可以接收到的参数 ···169

  6.11.5 Directive 的实战经验 ··171

6.12 全局配置项 ··171

6.13 单元测试 ··173

6.14 Teleport ··175

6.15 页面渲染的优化 ··177

6.16 Composition API ··178

  6.16.1 Composition API Demo ···178

  6.16.2 等效的 Option API Demo ··181

6.17 Provide 与 Inject ··182

  6.17.1 Option API 的实现方法 ···184

  6.17.2 Composition API 的实现方法 ··185

6.18 子组件向父组件的消息传递 ··186

  6.18.1 在子组件中 watch&emit，在父组件中监听 ·································187

  6.18.2 使用 refs ··189

6.19 最佳实践 ··192

第 7 章 实战周边及相关工具 ··193

7.1 微信支付 ··193

7.2	Hybrid App（混合式 App）	194
7.3	安装 Vue.js 的开发工具：Vue.js devtool	195
7.4	如何阅读官方文档	198

第 8 章 实战项目 200

8.1	准备 1：文字需求	200
8.2	准备 2：需求原型图	202
	8.2.1 明确前端页面	203
	8.2.2 如何画原型图	203
	8.2.3 首页	203
	8.2.4 商品列表页	203
	8.2.5 商品详情页	204
	8.2.6 购物车页面	205
	8.2.7 支付页面	205
	8.2.8 我的页面	206
	8.2.9 我的订单列表页面	206
	8.2.10 总结	206
8.3	准备 3：微信的相关账号和开发者工具	206
	8.3.1 微信相关账号的申请	206
	8.3.2 微信开发者工具	207
8.4	项目的搭建	210
8.5	用户的注册和微信授权	211
8.6	登录状态的保持	220
8.7	首页轮播图	221
8.8	底部 Tab	231
8.9	商品列表页	234
8.10	商品详情页	237
8.11	购物车	243
8.12	微信支付	251
8.13	回顾	262

第 1 章

Vue.js 概述

在一门新技术出现之前我们应该知道：该技术出现的背景、解决了什么痛点、带来了哪些好处，这样才有高涨的学习热情和掌握技术之后的成就感。

本章将介绍单页应用出现的背景、传统 Web 开发的短板、多种单页应用框架的对比、使用单页应用的知名项目以及本书的使用说明。

1.1 单页应用的出现

随着移动电话的普及和微信的流行，很多的 Wap（H5）应用也随之出现了。

手机硬件的特点有：

- 硬件设备差。同主频的手机 CPU 性能往往是台式机的几分之一（手机的供电与台式机设备相差很远）。
- 网络速度慢。手机移动网络在很多时候下载速度只有几百兆，打开一个微信中的网页可能也要很久。

因此，使用传统的 Webpack 技术开发的网页在手机端的表现往往特别差。传统技术的特点是：

- 单击某个链接/按钮，或者提交表单后，Webpack 页面整体刷新。
- JS/CSS 的请求很多。

每次页面整体刷新，都会导致浏览器重新加载对应的内容，特别"卡顿"。另外，加载的内容也很多。很多传统页面的 CSS/JS 多达上百个，每次打开页面都需要发送上百次请求。

苹果的机器表现还好，iOS 设备打开 Web 页面速度很快；Android 设备则大部分都很慢。这个是由手机设备操作系统、软件及智能硬件决定的。

单页应用（Single Page App，SPA）体现了其强大的优势。

- 页面是局部刷新的，响应速度快，不需要每次加载所有的 CSS/JS。

- 前后端分离，前端（手机端）不受后端（服务器端）的开发语言的限制。

越来越多的 App 采用 SPA 的架构。如果读者的项目需要用在 H5 上，那么一定要使用单页应用框架，Angular、React、Vue.js 框架都是很好的选择。

我们在公司实际项目中都使用 Vue.js，效果非常好，开发速度快，维护效率高。

因为本书与官方文档不同，是根据实际项目经验，从培养新人的角度来写的，所以具有以下特点：

- 略过很少使用的技术。
- 只讲解常见的知识。
- 在章节安排上按照入门的难易度从简单到复杂。

1.2 为什么要使用 Vue.js

在本节中，我们会从多个角度来思考这个问题。

1.2.1 Web 应用

Web 应用分为两类：传统 Web 页面应用和单页应用。

1. 传统 Web 页面应用

传统 Web 页面就是打开浏览器，整个页面都会打开的应用。例如，笔者的个人网站 http://siwei.me 就是一个典型的"传统 Web 页面应用"，每次单击其中任意一个链接，都会引起页面的整个刷新，如图 1-1 所示。

图 1-1　个人网站

从图 1-1 中可以看出，传统 Web 页面的每次打开，都要把页面中的.js、.css、.png、.html 文件等资源加载一遍。在图 1-1 的左下角可以看到，本次共加载了 10 个请求（4 个.css，2 个.js，3 个.png 及 1 个.html 文件），耗时 0.837s。这个加载速度在 PC 端的表现还算可以，但是在手机端就会感觉特别慢，特别是在安卓手机上。

传统 Web 页面的特点是执行如下任何一个操作，都会引起浏览器对于整个页面的刷新：

- 单击链接。
- 提交表单。
- 触发 location.href='...'这样的 JS 代码。

我们来看一个传统 Web 页面的例子。

```html
<html>
<head>
    <script src="my.js"></script>
    <style src="my.css"></style>
</head>
<body>
    <img src='my.jpg' />
    <p>你好！ 传统Web页面！ </p>
</body>
</html>
```

每个浏览器都会从第一行解析到最后一行，然后继续加载 my.js、my.css、my.jpg 这三个外部资源。

其实很好理解，这个就是传统 Web 页面的打开方式。

2. 单页应用

单页应用的精髓是点击任何链接都不会引起页面的整体刷新，只会通过 JavaScript 替换页面的局部内容。

3. Ajax 和 XML

Ajax（Asynchronous JavaScript，JS 的异步请求）的概念是每次打开新的网页时，不要让页面整体刷新，而是由 JS 发起一个"HTTP 异步请求"，这个"异步请求"的特点就是不让当前的网页发生阻塞。

用户可以一边上下滚动页面播放视频，一边等待这个请求返回数据。浏览器接收到返回数据之后，由 JS 控制刷新页面的局部内容。

这样做的好处是：

（1）大大节省了页面的整体加载时间，各种.js、.css 等资源文件加载一次就够了。

（2）节省了带宽。

（3）同时减轻了客户端和服务端的负担。

在智能手机和 App 应用（特别是微信）普及之后，大量的网页都需要在手机端打开，Ajax 的优势就体现得淋漓尽致。

虽然 Ajax 的名称本意是"异步 JS 与 XML"，但是目前在服务器端返回的数据中几乎都使用 JSON，而抛弃了 XML。

在 2005 年，国内的技术论坛开始提及 Web 2.0，其中 Ajax 技术被人重视。到了 2006 年年初，可以说掌握 Ajax 是前端程序员的重要的加分项。

可惜当时 jQuery 在国内不是很普及，Prototype 也没有流行起来。在笔者与北京软件圈子里的各大公司的同行们交流时，发现大家用的都是原生的 JavaScript Ajax，这种不借助任何第三方框架的代码非常烦琐；而且由于需要考虑到浏览器的兼容问题，开发起来也很让人头疼。

例如，当时的代码往往是这样的：

```
var xmlHttp = false;
/*@cc_on @*/
/*@if (@_jscript_version >= 5)
try {
    xmlHttp = new ActiveXObject("Msxml2.XMLHTTP");
} catch (e) {
    try {
        xmlHttp = new ActiveXObject("Microsoft.XMLHTTP");
    } catch (e2) {
        xmlHttp = false;
    }
}
@end @*/
if (!xmlHttp && typeof XMLHttpRequest != 'undefined') {
    xmlHttp = new XMLHttpRequest();
}
```

上面的代码仅仅是为了兼容各种浏览器。实际上，后面还有几十行的冗余代码，之后才是正常的业务逻辑代码。

到 2008 年，国内开始流行 Prototype、jQuery 之后，发起一个 Ajax 请求的代码精简成几行：

```
jQuery.get('http://some_url?para=1', function(data){
    // 正常代码
})
```

从那时开始，Ajax 在国内变得越来越普及。

4. Angular

第一个单页应用的知名框架应该是 Angular，由 Google 在 2010 年 10 月推出。当时的 Gmail、Google Map 等应用把 Ajax 技术运用到了极致。而 Angular 框架一经推出，立刻引燃了单页应用这个概念。尽管后来各种 SPA 框架层出不穷，在 2015 年之前，Angular 稳坐 SPA 的头把交椅。

5. 当下的 SPA 技术趋势

SPA 框架已经成为项目开发必不可少的内容，只要有移动端开发，就会面临以下两个选择：

- 做成原生 App。
- 做成 SPA H5。

无论是 iOS 端还是 Android 端都对 SPA 青睐有加，其优点如下：

（1）打开页面速度特别快。打开传统页面，手机端往往需要几秒，而 SPA 则在零点几秒内。

（2）耗费的资源更少。因为每次移动端只请求接口数据和必要的图片资源。

（3）对于点/单击等操作响应更快。对于传统页面，手机端的浏览器在操作时单击按钮会有 0.1s 的卡顿，而使用 SPA 则不会有卡顿的感觉。

（4）可以保存浏览的历史和状态。不是每一个 Ajax 框架都有这个功能。例如，QQ 邮箱虽然也是页面的局部刷新，但每次打开不同的邮件时浏览器的网址不会变化。而在所有的 SPA 框架中，都会有专门处理这个问题的模块，叫作 Router（路由）。例如：

http://mail.my.com/#/mail_from_boss_on_0620，对应老板在 6 月 20 日发来的邮件。

http://mail.my.com/#/mail_from_boss_on_0622，对应老板在 6 月 22 日发来的邮件。

2011—2012 年间，各种 SPA 框架出现了井喷的趋势，包括 Backbone、Ember.js 等上百个不同的框架。近几年比较流行的框架是 Angular、React 和 Vue.js。

1.2.2 单页应用框架对比

在学习 Vue.js 之前，我们要知道为什么学习它。

目前市面上比较知名的单页应用框架是 Angular、React、Vue.js，我们依次来了解一下。

1. Angular

Angular 作为 SPA 的老大，源于 Google，在过去若干年发挥了非常大的作用。它的优点是：

- 业内第一个 SPA 框架。
- 实现了前端的 MVC 解耦。
- 双向绑定。Model 层的数据发生变化会直接影响 View，反之亦然。

缺点也很明显：

- 难学、难用。
- Angular 1.x 的文档很差，从 2.0 版开始稍微变好一些。

Angular 1.x 的文档 Directive 缺点为文档不全，没有示例代码，很多东西调试起来也没有专门的工具。另外，想使用第三方组件的话，需要单独为 Angular 做适配。例如，jQuery-Upload 前端上传文件的组件非常不好用。

虽然 Angular 的功能很全面，但是由于学习曲线过于陡峭，上手很慢，维护起来也很麻烦。因此，现在在论坛上的口碑也开始下降。官方网站为 https://github.com/angular。

2. React

React 是由 Facebook 推出的 SPA 框架，宣称的特点是 Learn once, write anywhere，很吸引人。

React 的优点是：

- 使用 JS 一种语言就可以写前端（H5、App）+后端。
- React Native 可以直接运行在手机端，性能很棒，接近于原生 App，并且可以热更新，免去了手机端 App 每次都要重新下载和安装的过程。
- 周边组件很多。

React 的特点是：

（1）HTML 代码需要写在 JS 文件中。例如：

```
class HelloMessage extends React.Component {
  render() {
    return (
      <div>
        Hello {this.props.name}
      </div>
    );
  }
}
ReactDOM.render(
  <HelloMessage name="Taylor" />,
  mountNode
);
```

上面代码的编程方式也叫"多语言混合式编程"，特点是代码混乱。

（2）把前后端代码写在一起。

```
//前端代码
...
//后端代码
...
```

需要说明的是，React 在国外非常火爆，其在 Google 上的搜索热度超过了 Vue.js，而在 GitHub 的关注度上则是 Vue.js 领先，可能原因在于 Vue.js 在国内的火爆度超过 React。

3. Vue.js

Vue.js 是一个 MVVM（Model - View - ViewModel）的 SPA 框架。

- Model：数据。
- View：视图。
- ViewModel：连接 View 与 Model 的纽带。

Vue.js 一经推出，就获得了各大社区的好评。它的优点是：

（1）简单好学，好用。

- Angular：学习两到四周。
- React：学习两周。
- Vue.js：学习三天到一周。

这三个框架做的事都一样。

（2）Angular、React 具备的功能，Vue.js 都具备（React Native 除外）。

Vue.js 在 2014 年 2 月被推出的时候，核心文档就具备了两种语言：中文和英文，这对于母语是汉语的国人来说意义重大，可以非常快速地上手。官方网站为 https://github.com/vuejs/vue。

4. 为什么用 Vue.js

首先，我们在评价一个技术的时候，最简单的办法就是看它有多火，这个体现在 GitHub 的 stars 数目上。

截至 2022 年 1 月底，三个项目的关注数分别是：

- Angular：7.9 万。
- React：18.2 万。
- Vue.js：19.3 万。

可以看出，Vue.js 排在第一位。

其次，国内的公司使用 Vue.js 开发的居多，学习门槛低、上手快、找工作非常方便。

最后，Vue.js 的官方文档是中文的（网址：https://cn.vuejs.org/）。

1.2.3 备受腾讯和阿里巴巴青睐

Vue.js 的思想可以说是对国内互联网巨头产生了较大的冲击。腾讯的微信和阿里巴巴的 Weex 项目的实现方式与 Vue.js 非常相似。

可以说，学会了 Vue.js 就基本学会了微信小程序和阿里巴巴的 Weex。这对于需要不断学习新知识的程序员来说，是非常好的消息。有大公司的支持，这个技术一定是非常有前景的。

1. 微信小程序

微信小程序是微信在 2017 年出现的技术。它基于微信，使用 SPA 的开发技术，就可以运行在安装了微信的手机上。其表现效果与原生 App 几乎一样。

微信小程序的代码特点、文件组织形式及各种概念，与 Vue.js 非常相似。

2. 阿里巴巴 Weex

Weex 致力于使开发者能基于当代先进的 Web 开发技术，使用同一套代码来构建 Android、iOS 和 Web 应用。

Weex 已经支持了对于 Vue.js 的直接集成，也就是说可以在 Weex 中直接编写 Vue.js 的代码。Weex 与 React Native 一样，都是使用 Web 开发的相似代码，让程序以 Native App 的形式运行起来。

Weex 以官方文档的形式告诉大家如何使用 Vue.js，链接为 https://weex.apache.org/cn/guide/use-vue.html。

1.2.4 用到 Vue.js 的项目

用到 Vue.js 的项目有：

- 滴滴出行。
- 饿了么，开源了一个基于 Vue 的 UI 库（https://github.com/ElemeFE/element）。
- 阿里巴巴的 Weex（https://github.com/alibaba/weex）。
- GitLab（https://about.gitlab.com/2016/10/20/why-we-chose-vue/）。
- Facebook（https://newsfeed.fb.com/welcome-to-news-feed?lang=en）。
- 新浪微博。

更全面的列表参见 https://github.com/vuejs/awesome-vue#projects-using-vuejs。

1.2.5 本书的使用说明

本书使用了 Vue.js 3.2.2，建议读者在学习的时候：

（1）先下载本书的 Demo 代码并运行。

（2）学习本书的同时，把 Demo 代码敲一遍（记得要对照在 GitHub 下载的代码来敲，而不是对照纸质书的代码来敲，因为篇幅所限，后者给出的代码是不完整的；而 GitHub 的代码则是自带可运行的 Demo，所以上手更快），就可以快速地掌握了。

Vue.js 3 同时支持 Option API 和 Composition API 两种方式。考虑到让读者快速上手以及国内项目绝大部分都使用了 Option API 的现状，本书的核心内容的讲解都是基于 Option API。

使用 Windows 7 的读者需要留意一下，Node 从 14 版本开始已经不支持 Windows 7 了，建议升级到 Windows 10 并且安装 Node 14.17.5 才能运行本书中的 Demo。

在书中可以看到一些命令行，例如：

```
$ npm run serve
```

上面的$表示这是一个命令，需要在命令行输入。对于使用 Mac 或者 Linux 的用户都会非常容易找到入口（打开 terminal 应用即可）。对于使用 Windows 的读者，可以使用组合键 win+R，然后输入 cmd，按 Enter 键，就可以进入了，如图 1-2 所示。

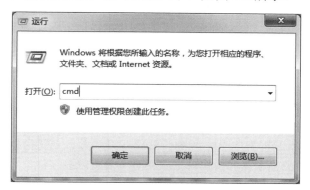

图 1-2　Windows 下打开命令行窗口

然后就会看到命令行窗口了，如图 1-3 所示。

图 1-3　Windows 下的命令行窗口

理论上，Windows 的命令行用>开头，Mac/Linux 用户用$或者#开头，为了描述方便，本书统一使用$开头。

第 2 章

原生的 Vue.js

所谓的原生 Vue.js，就是独立的 Vue.js 框架，不与 Webpack 等框架结合使用。学习这个很重要，因为查看官方文档时很多概念都是用"原生 Vue.js"的形式说明的，脱离了其他框架，说明起来更加简明一些。

虽然我们在做项目时很少会使用原生 Vue.js，但是了解它就会对未来的学习大有好处。

2.1 极速入门

（本节对应的源文件为 public/with_external_link.html）

从体验的角度来看，Vue.js 的安装非常简单，只需要引入一个第三方的 JS 包即可。

```
<script src="https://cdn.jsdelivr.net/npm/vue@3.2.2"></script>
```

下面是一个简单的例子。

```
<html>
<head>
    <script src="https://cdn.jsdelivr.net/npm/vue@3.2.2"></script>
</head>
<body>
    <div id='app'>
        {{show_my_text}}
    </div>
```

```
    <script>
        let init = {
            data() {
                return {
                    show_my_text: 'Vue.js is the best one page App!'
                }
            }
        }
        Vue.createApp(init).mount('#app')
    </script>
</body>
</html>
```

上面的代码非常简单:

(1) 在<head>中引入 Vue.js 包。

(2) 在<body>中,定义了<div id='app'></div>,可以认为,所有的页面展示都是在这个<div>中。每次我们做任何点/单击的时候,整个页面不会刷新,都是 Vue.js 框架操作代码对其中的内容进行局部刷新。

(3) 后面的 Vue.createApp(init).mount('#app')就是真正的操作代码。

```
// 定义一个临时的对象,该对象包含一个 data()函数,在 data()函数中返回一个对象
// 该对象的一个 key 是 show_my_text
// 可以简单地认为,需要在页面渲染的变量都会定义在 data()中
let init = {
  data() {
    return {
      show_my_text: 'Vue.js is the best one page App!'
    }
  }
}
// 加载 JS 代码并渲染页面,所有内容的渲染都是基于 <div id='app' >来操作的
Vue.createApp(init).mount('#app')
```

(4) 使用浏览器打开这个页面后,就可以看到如图 2-1 所示的页面。

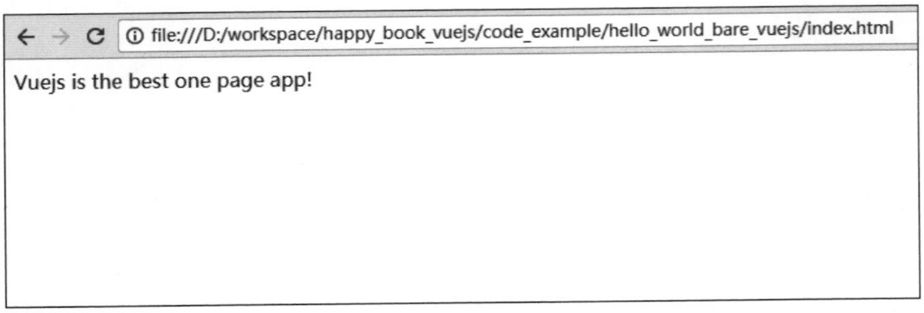

图 2-1 页面效果

这个页面的源代码可以在 Demo 项目中的 public/with_external_link.html 中看到并直接运行。

2.2 实际项目

（本节对应的源文件为 public/with_external_link_todo.html）

下面我们看一个实际的例子。这是 SPA 的应用：TODO-list，基本上所有的 SPA 框架都会用这个做一个 Demo。

需求如下：

（1）可以列出待办事项。
（2）可以新增待办事项。
（3）可以把待办事项标记为"已办完"。

该例子的目的是为了让大家对于原生的 Vue.js 有一个直观的认识，里面的技术细节其实有些复杂，使用了基本的 Vue.js 知识、Component（组件）、Watcher（监听器）、Computed Properties（计算得到的属性）、Filter（过滤器）等概念。读者暂时不用深究，在第 4 章 Webpack + Vue.js 实战中会依次讲解到。

读者只需要对实际的原生项目有所了解即可。

2.2.1 运行整个项目

新建文件内容如下：

```
<!DOCTYPE html>
<head>
  <meta http-equiv="content-type" content="text/html; charset=UTF-8">
  <link rel="stylesheet" type="text/css" href="https://unpkg.com/todomvc-app-css@2.2.0/index.css">
  <script src="https://cdn.jsdelivr.net/npm/vue@3.2.2"></script>
```

```html
<script type="text/javascript">
  window.onload=function(){

  var STORAGE_KEY = 'todos-vuejs'
  var todoStorage = {
    fetch: function () {
      var todos = JSON.parse(localStorage.getItem(STORAGE_KEY) || '[]')
      todos.forEach(function (todo, index) {
        todo.id = index
      })
      todoStorage.uid = todos.length
      return todos
    },
    save: function (todos) {
      localStorage.setItem(STORAGE_KEY, JSON.stringify(todos))
    }
  }

  // 过滤器，用来根据条件过滤
  var filters = {
    all: function (todos) {
      return todos
    },
    active: function (todos) {
      return todos.filter(function (todo) {
        return !todo.completed
      })
    },
    completed: function (todos) {
      return todos.filter(function (todo) {
        return todo.completed
      })
    }
```

```js
// 创建 Vue 的实例(instance)
var app = Vue.createApp({
  // 设置页面用到的各种变量
  data() {
    return {
      todos: todoStorage.fetch(),
      newTodo: '',
      editedTodo: null,
      visibility: 'all'
    }
  },

  // 监听变量的修改
  watch: {
    todos: {
      handler: function (todos) {
        todoStorage.save(todos)
      },
      deep: true
    }
  },
  // 计算函数
  computed: {
    filteredTodos: function () {
      return filters[this.visibility](this.todos)
    },
    remaining: function () {
      return filters.active(this.todos).length
    },
    allDone: {
      get: function () {
        return this.remaining === 0
      },
      set: function (value) {
        this.todos.forEach(function (todo) {
          todo.completed = value
```

```js
    })
  }
},

// 定义各种方法
methods: {
  addTodo: function () {
    var value = this.newTodo && this.newTodo.trim()
    if (!value) {
      return
    }
    this.todos.push({
      id: todoStorage.uid++,
      title: value,
      completed: false
    })
    this.newTodo = ''
  },

  removeTodo: function (todo) {
    this.todos.splice(this.todos.indexOf(todo), 1)
  },

  editTodo: function (todo) {
    this.beforeEditCache = todo.title
    this.editedTodo = todo
  },

  doneEdit: function (todo) {
    if (!this.editedTodo) {
      return
    }
    this.editedTodo = null
    todo.title = todo.title.trim()
    if (!todo.title) {
```

```
        this.removeTodo(todo)
      }
    },

    cancelEdit: function (todo) {
      this.editedTodo = null
      todo.title = this.beforeEditCache
    },

  },

  directives: {
    'todo-focus': function (el, binding) {
      if (binding.value) {
        el.focus()
      }
    }
  }
})

app.mount('.todoapp')
}
</script>

</head>
<body>
  <section class="todoapp">
  <header class="header">
    <h1>待办事项</h1>
    <input class="new-todo"
      autofocus autocomplete="off"
      placeholder="例如:背10个单词.回车保存,双击编辑"
      v-model="newTodo"
      @keyup.enter="addTodo">
  </header>
  <section class="main" v-show="todos.length" v-cloak>
```

```html
      <input class="toggle-all" type="checkbox" v-model="allDone">
      <ul class="todo-list">
        <li v-for="todo in filteredTodos"
          class="todo"
          :key="todo.id"
          :class="{ completed: todo.completed, editing: todo == editedTodo }">
          <div class="view">
            <input class="toggle" type="checkbox" v-model="todo.completed">
            <label @dblclick="editTodo(todo)">{{ todo.title }}</label>
            <button class="destroy" @click="removeTodo(todo)"></button>
          </div>
          <input class="edit" type="text"
            v-model="todo.title"
            v-todo-focus="todo == editedTodo"
            @blur="doneEdit(todo)"
            @keyup.enter="doneEdit(todo)"
            @keyup.esc="cancelEdit(todo)">
        </li>
      </ul>
    </section>
    <footer class="footer" v-show="todos.length" v-cloak>
      <span class="todo-count">
        <strong>{{ remaining }}</strong> left
      </span>
    </footer>
  </section>

</body>
</html>
```

将该文件保存后，使用浏览器直接打开，就可以看到效果。原生 Vue.js 的 TODO-list 项目界面如图 2-2 所示。

图 2-2 原生 Vue.js 的 TODO-list 项目界面

2.2.2 HTML 代码的 <head> 部分

注释如下所示。

```
<!DOCTYPE html>
<head>
  <!--设置页面的 UTF-8 编码格式 -->
  <meta http-equiv="content-type" content="text/html; charset=UTF-8">
  <!-- 引入了对应的 CSS 文件 -->
  <link rel="stylesheet" type="text/css" href="https://unpkg.com/todomvc-app-css@2.2.0/index.css">
  <!-- 引入了对应的 vue.js 外部文件 -->
  <script src="https://cdn.jsdelivr.net/npm/vue@3.2.2"></script>
  <script type="text/javascript">
// 下面的 window.onload 函数暂时省略，会在 2.2.3 JS 代码部分讲解到
window.onload=function(){..}
}
</script>
</head>
<body>
  <!-- 这里的代码暂时省略，会在 2.2.3 HTML 代码的 body 部分中讲解到 -->
</body>
</html>
```

2.2.3 HTML 代码的<body>部分

注释如下所示。

```html
<body>
  <section class="todoapp">
  <!-- 这里定义了 header，包括了文字的提示和输入框-->
  <header class="header">
    <h1>待办事项</h1>
    <input class="new-todo"
      autofocus autocomplete="off"
      placeholder="例如：背10个单词. 回车保存，双击编辑"
      v-model="newTodo"
      @keyup.enter="addTodo">
  </header>
  <!-- 这里的代码把用户已经输入的待办事项做循环展示 -->
  <section class="main" v-show="todos.length" v-cloak>
    <input class="toggle-all" type="checkbox" v-model="allDone">
    <ul class="todo-list">
      <!-- 这里使用了 v-for 用来循环 -->
      <li v-for="todo in filteredTodos"
        class="todo"
        :key="todo.id"
        :class="{ completed: todo.completed, editing: todo == editedTodo }">
        <div class="view">
          <input class="toggle" type="checkbox" v-model="todo.completed">
          <label @dblclick="editTodo(todo)">{{ todo.title }}</label>
          <button class="destroy" @click="removeTodo(todo)"></button>
        </div>
        <input class="edit" type="text"
          v-model="todo.title"
          v-todo-focus="todo == editedTodo"
          @blur="doneEdit(todo)"
          @keyup.enter="doneEdit(todo)"
          @keyup.esc="cancelEdit(todo)">
      </li>
    </ul>
```

```
    </section>
    <!-- 页面底部，显示还剩余几个待办事项-->
    <footer class="footer" v-show="todos.length" v-cloak>
      <span class="todo-count">
        <strong>{{ remaining }}</strong> left
      </span>
    </footer>
</section>

</body>
```

2.2.4　JS 代码部分

注释如下所示。

```
<script type="text/javascript">
window.onload=function(){
  // 下面的代码，表示使用了浏览器的 localStorage 进行存储。同时定义了 fetch()和 save()
  // 用来方便操作
  var STORAGE_KEY = 'todos-vuejs'
  var todoStorage = {
    fetch: function () {
      var todos = JSON.parse(localStorage.getItem(STORAGE_KEY) || '[]')
      todos.forEach(function (todo, index) {
        todo.id = index
      })
      todoStorage.uid = todos.length
      return todos
    },
    save: function (todos) {
      localStorage.setItem(STORAGE_KEY, JSON.stringify(todos))
    }
  }
  // 定义过滤器，可以分别对 ative、completed 和 all 进行过滤
  var filters = {
    all: function (todos) {
      return todos
```

```js
    },
    active: function (todos) {
      return todos.filter(function (todo) {
        return !todo.completed
      })
    },
    completed: function (todos) {
      return todos.filter(function (todo) {
        return todo.completed
      })
    }
  }
}

// 创建 Vue 的实例(instance)
var app = Vue.createApp({
  // 设置页面用到的各种变量
  data() {
    return {
      todos: todoStorage.fetch(),
      newTodo: '',
      editedTodo: null,
      visibility: 'all'
    }
  },

  // 监听变量的修改
  watch: {
    todos: {
      handler: function (todos) {
        todoStorage.save(todos)
      },
      deep: true
    }
  },
  // 定义 computed properties
  computed: {
```

```js
    filteredTodos: function () {
      return filters[this.visibility](this.todos)
    },
    remaining: function () {
      return filters.active(this.todos).length
    },
    allDone: {
      get: function () {
        return this.remaining === 0
      },
      set: function (value) {
        this.todos.forEach(function (todo) {
          todo.completed = value
        })
      }
    }
  },

  // 定义各种方法
  // 实现对于待办事项的增加、删除和修改
  // 注意，这里没有任何直接操作 HTML DOM 的代码
  methods: {
    // 新增待办事项
    addTodo: function () {
      var value = this.newTodo && this.newTodo.trim()
      if (!value) {
        return
      }
      this.todos.push({
        id: todoStorage.uid++,
        title: value,
        completed: false
      })
      this.newTodo = ''
    },
    // 删除待办事项
```

```js
    removeTodo: function (todo) {
      this.todos.splice(this.todos.indexOf(todo), 1)
    },
    // 编辑待办事项
    editTodo: function (todo) {
      this.beforeEditCache = todo.title
      this.editedTodo = todo
    },
    // 把待办事项标记为：已完成
    doneEdit: function (todo) {
      if (!this.editedTodo) {
        return
      }
      this.editedTodo = null
      todo.title = todo.title.trim()
      if (!todo.title) {
        this.removeTodo(todo)
      }
    },
    // 取消编辑
    cancelEdit: function (todo) {
      this.editedTodo = null
      todo.title = this.beforeEditCache
    },

  },
  // 使用了自定义的 Directive，也就是 HTML 中的<todo-focus>
  directives: {
    'todo-focus': function (el, binding) {
      if (binding.value) {
        el.focus()
      }
    }
  }
})
// 最后，使用 Vue.js 渲染整个页面
```

```
  app.mount('.todoapp')
}
</script>
```

该例子总共 178 行，代码精炼、功能齐备。可以看出，使用 Vue.js 做开发的效率非常高。

但是，一旦项目的需求增加，代码也会越来越膨胀，把 HTML、JavaScript 和 CSS 代码都写在一个文件中并不合适，所以需要以一种更好的形式来组织文件，这就是 Webpack 框架下的 Vue.js。

第 3 章

Webpack+Vue.js 开发准备

所有的 Vue.js 项目都是在 Webpack 的框架下进行开发的。可以说 vue-cli 直接把 Webpack 做了集成。在开发时，一边享受着飞一般的开发速度，一边体验着 Webpack 带来的便利。

本章将介绍如何使用 Webpack+Vue.js 进行开发的基本知识。

3.1 学习过程

在学习任何一种框架的时候，都是按照循序渐进的规律来进行的。

（1）安装。
（2）新建一个页面。
（3）做一些简单变量的渲染。
（4）实现页面的跳转（路由）。
（5）实现页面间的参数传递（路由）。
（6）实现真实的 HTTP 请求（访问接口）。
（7）提交表单。
（8）使用一些技巧让代码层次化（组件）。

按照笔者之前在惠普、联通、移动等公司的讲课经验，读者只需要一天的时间就可以学会本章内容，并且上手实践开发 Vue.js 项目。

1. 安装 NVM 和 Git Bash（可以跳过的章节）

对于有一定 Node 基础的读者，可以跳过 NVM（Node Version Manager）的安装部分内容。对于使用 Linux/Mac 的读者，可以跳过 Git Bash 的安装部分内容。

2. 简写说明

由于本章是 Webpack+Vue.js 下的实战开发，所以统一使用 Vue.js 来代替冗长的 Webpack + Vue.js。

例如，在 Vue.js 中创建页面需要以下两步：

（1）新建路由。

（2）新建 Vue 页面。

3. 本书 Demo 文件的使用说明

以 vue3_lesson_demo 为例，它的地址为：https://github.com/sg552/vue3_lesson_demo，读者可以下载后直接运行。

```
$ git clone https://github.com/sg552/vue3_lesson_demo.git
$ cd vue3_lesson_demo
$ npm install -g vue@3.2.2          （如果之前安装过Vue2，这里需要强制更新）
$ npm install -g @vue/cli@4.5.13    （如果之前安装过Vue2 cli,这里也需要强制更新）
$ npm install -v
$ npm run serve
```

访问 http://localhost:8080/ 后看到的页面效果，如图 3-1 所示。

图 3-1　页面效果

3.2　NVM、NPM 与 Node

NVM 是一个非常好用的 Node 版本管理器。这个技术出现的原因，是因为不同的项目其 Node 版本往往不同：有的是 5.0.1，有的是 6.3.2。如果 Node 版本不匹配，运行某个应用时很可能会遇到各种问题。

因此，我们需要在同一台机器上同时安装多个版本的 Node。NVM 应运而生，很好地帮我们解决了这个问题。

Linux/Mac 下的 NVM 官方网址：https://github.com/creationix/nvm。

Windows 下的 NVM 官方网址：https://github.com/coreybutler/nvm-windows。

NPM（Node Package Manager）：只要安装了 Node，就会捆绑安装 NPM 命令。它的作用与 Ruby 中的 bundler 及 Java 中的 maven 相同，都是对第三方依赖进行管理。

3.2.1 在 Windows 下安装 NVM

在 Windows 下安装 NVM 的步骤如下：

步骤01 使用浏览器打开下载网址 https://github.com/coreybutler/nvm-windows/releases，如图 3-2 所示。

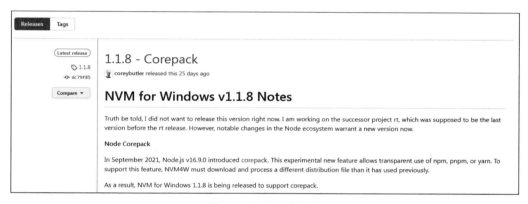

图 3-2 打开下载网址

步骤02 移动到页面底部，单击最新的 release 版本下载 1.1.8-Corepack 中的 nvm-setup.zip 文件，如图 3-3 所示。

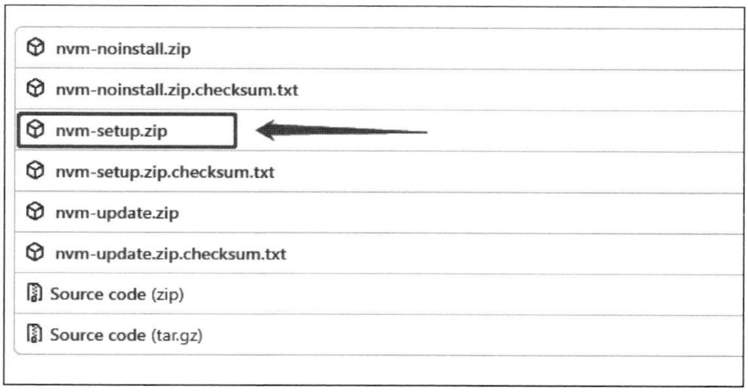

图 3-3 下载文件

步骤03 下载后双击运行该文件。

步骤 04 在打开的对话框中单击"I accept the agreement"单选按钮，如图 3-4 所示。

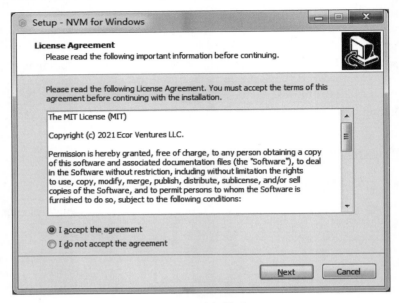

图 3-4 选择接受

步骤 05 单击 Next 按钮，在打开的对话框中选择安装路径。这里选择安装到 C:\nvm，如图 3-5 所示。

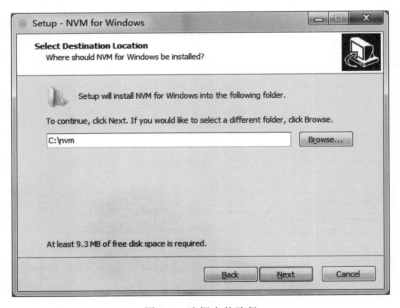

图 3-5 选择安装路径

步骤 06 单击 Next 按钮，在打开的对话框中询问把 NVM 的快捷方式放在哪里（Symlink 的作用同快捷方式，允许我们在任意路径下都可以调用 NVM 命令），此处不用修改，直接单击 Next 按钮，如图 3-6 所示。

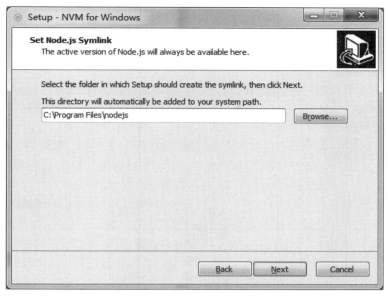

图 3-6　默认快捷方式位置

步骤 07 然后弹出确认安装对话框，继续单击 Next 按钮即可。

步骤 08 最后设置环境变量。

```
NVM_HOME        C:\nvm
NVM_SYMLINK     C:\Program Files\nodejs
```

从控制面板中依次选择"所有控制面板项目→高级系统配置→环境变量"打开"环境变量"对话框，如图 3-7 所示。

图 3-7　"环境变量"对话框

对 PATH 的修改则是在原有值的基础上添加%NVM_HOME%、%NVM_SYMLINK%，如图 3-8 所示。

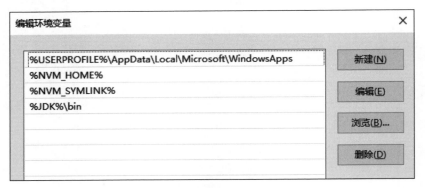

图 3-8　编辑环境变量

3.2.2　在 Linux、Mac 下安装 NVM

（1）下载 NVM 的源代码，运行下面命令：

```
$ git clone https://github.com/creationix/nvm.git ~/.nvm && cd ~/.nvm && git checkout `git describe --abbrev=0 -tags`
```

（2）Linux、Mac 的用户：为脚本设置启动时加载（对于使用 Windows 的读者，可以直接跳过第二步，到官方网站下载.exe 安装文件即可）。

把下面的代码放到~/.bashrc 或~/.bash_profile 或~/.zshrc 中。

```
$ source ~/.nvm/nvm.sh
```

3.2.3　运　　行

不能使用$ which nvm 验证安装是否成功，因为即使成功了，也不会返回结果。直接在命令行输入以下命令：

```
$ nvm
```

如果安装成功，就会看到以下内容：

```
Running version 1.1.8.

Usage:

  nvm arch                     : Show if node is running in 32 or 64 bit mode.
  nvm install <version> [arch] : The version can be a node.js version or
"latest" for the latest stable version...
```

```
  nvm list [available]         : List the node.js installations. Type
"available" at the end to see what can be ...
  nvm on                       : Enable node.js version management.
```

3.2.4 使用 NVM 安装或管理 Node 版本

（1）列出所有可以安装的 Node 版本。

Windows 下的命令：

```
> nvm list available
```

Linux/Mac 下的命令：

```
$ nvm list-remote
```

可以看到允许安装的所有版本。

（2）列出本地安装好的版本。

命令：

```
$ nvm list
```

结果如下：

```
$ nvm list
  * 10.5.0 (Currently using 64-bit executable)
    6.9.1
```

在上面的结果中，表示当前系统安装了两个 Node 版本：6.9.1 和 10.5.0。默认的 Node 版本是 10.5.0。

（3）安装 Node。

选择一个版本号就可以安装了：

```
$ nvm install 14.17.5
```

安装完成之后，退出命令行并重新进入即可。

（4）使用 Node。

下面的命令是为当前文件夹指定 Node 的版本：

```
$ nvm use 14.17.5
```

对于 Linux、Mac 用户，如果希望为系统全局使用某个版本，就可以运行下面的命令：

```
$ nvm alias default 14.17.5
```

在 Linux、Mac 下，还可以将其放到~/.bashrc、~/.bash_profile 中，这样系统每次启动时

都会自动指定 Node 作为全局的版本。

3.2.5 删除 NVM

对于 Linux、Mac，直接手动删除对应的配置文件（如果有的话）即可。

- ~/.nvm
- ~/.npm
- ~/.bower

在 Windows 中可直接在控制面板中卸载该软件。

3.2.6 加快 NVM 和 NPM 的下载速度

由于某些原因，在国内连接国外的服务器会比较慢，我们使用下面的命令就可以解决这个问题（默认使用国外的服务器，现在改成使用国内的镜像服务器）。使用淘宝提供的方法。

对于 NVM，使用 NVM_NODEJS_ORG_MIRROR 这个变量作为前缀：

```
$ NVM_NODEJS_ORG_MIRROR=https://npm.taobao.org/dist nvm install
```

对于 NPM，使用 cnpm 代替 npm 命令：

```
$ npm install -g cnpm --registry=https://registry.npm.taobao.org
```

对于 Linux、Mac 用户，可以直接创建一个 alias 命令：

```
alias cnpm="npm --registry=https://registry.npm.taobao.org \
--cache=$HOME/.npm/.cache/cnpm \
--disturl=https://npm.taobao.org/dist \
--userconfig=$HOME/.cnpmrc"
```

然后通过国内的淘宝服务器安装 Node 包。例如：

```
$ cnpm install vue-cli -g
```

3.3 Git 在 Windows 下的使用

在《程序员修炼之道：从小工到专家》一书中提到了一个让程序员非常尴尬的场面：老板要看进度，结果程序员拿不出来，只好跟老板撒谎说："我的代码被猫吃了"。

虽然我们的代码不会被猫吃掉，但是几乎每个程序员都会犯的错误是：在下班的时候忘记保存，或者电脑突然断电，导致写了几个小时的代码就这样没有了。因此，每个程序员必须对自己的代码做版本控制。

在 2009 年之前，大部分人都用 SVN。从 2010 年开始，越来越多的人开始使用 Git。本节专门为 Windows 程序员准备。因为对于 Linux 和 Mac 用户来说，Git 都是现成的，一行命令就能搞定。

3.3.1　为什么要使用 Git Bash

Git Bash 不但提供了 Git，还提供了 Bash，一种非常不错的类似于 Linux 的命令行。在 Windows 环境下，命令行模式与 Linux/Mac 是相反的。例如：

- 在 Linux/Mac 下（使用左斜线作为路径分隔符）：

```
$ cd /workspace/happy_book_vuejs
```

- 在 Windows 下（使用右斜线作为路径分隔符，并且要分成 C 盘、D 盘等）：

```
C:\Users\dashi>d:                           （进入 D 盘）
D:\>cd workspace\happy_book_vuejs           （进入到对应目录）
```

只要不是做.NET/微信小程序/安卓开发，都需要转移到 Linux 平台上。其原因是：代码被编译后，会运行在 Linux+Nginx 的服务器中。最好的方法就是从现在开始就适应 Linux 的环境。另外，"命令行"在绝大多数情况下都比"图形化"的操作界面好用。

3.3.2　安装 Git 客户端

在 Windows 下安装 Git Bash，其官方网址为 https://gitforwindows.org/。

步骤01　打开下载页面后就可以看到 Logo，如图 3-9 所示。

图 3-9　Git 下载页面

步骤02　单击 Download 按钮。

步骤03　下载并运行，可以看到欢迎对话框，如图 3-10 所示。

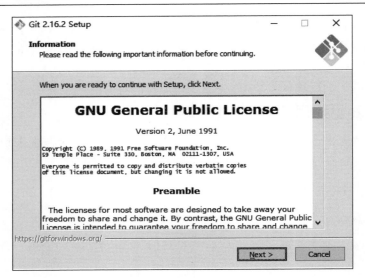

图 3-10 欢迎对话框

步骤 04 单击 Next 按钮，在打开的对话框中可以看到选择安装的内容，保持默认，如图 3-11 所示。

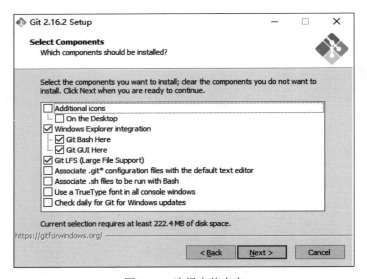

图 3-11 选择安装内容

步骤 05 单击 Next 按钮，在打开的对话框中选择一个编辑器作为 Git 消息编辑器。

- nano：最简单的 Linux 下的编辑器，同 Windows 下的记事本，其学习曲线是 0。
- vim：需要长时间学习的编辑器，被称为"编辑器之神"。
- notepad++：加强型记事本，也很好用，其学习曲线是 0。
- Visual Studio Code：一款免费好用的 IDE。

对于新手来说，建议选择 GNU nano，如图 3-12 所示。

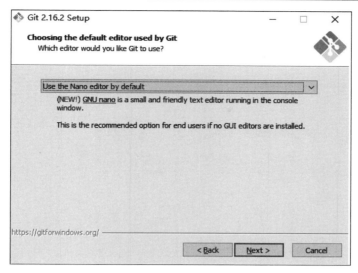

图 3-12　选择编辑器

步骤 06　单击 Next 按钮，询问使用什么风格的命令行。这里建议选择默认的"Use Git from the Windows Command Prompt"，如图 3-13 所示。

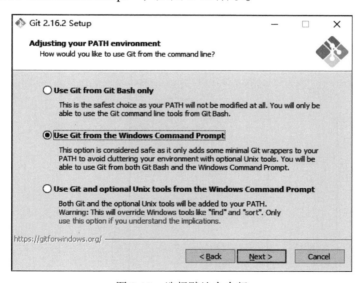

图 3-13　选择默认命令行

步骤 07　单击 Next 按钮，询问使用什么风格的 SSH 连接程序，如图 3-14 所示。

- OpenSSH 是 SSH 的首选，是 Git Bash 自带的。
- Plink 是第三方用户自己安装的 SSH 连接程序。

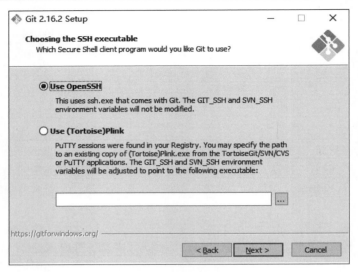

图 3-14 选择 SSH 连接程序

步骤 08 单击 Next 按钮，询问使用什么 SSH 后端，这里选择默认的 OpenSSL，如图 3-15 所示。

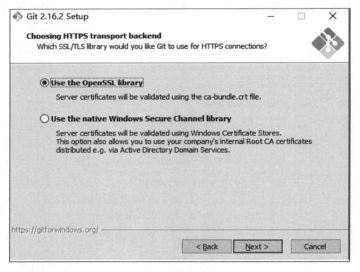

图 3-15 选择 SSH 后端

步骤 09 单击 Next 按钮，询问使用什么风格的 checkout/commit。因为 Windows 与 Linux 对文件的处理方式是不同的，如回车在 Windows 下是\r\n，而在 Linux 下就是\n，所以这里选择默认的第一项即可（用 Windows 风格 checkout，用 Unix 风格 commit），如图 3-16 所示。

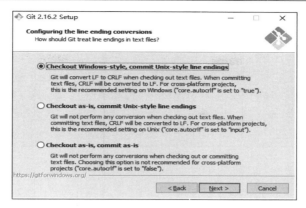

图 3-16　选择 checkout/commit

步骤 10 单击 Next 按钮，询问用什么风格的 console（命令行）。这里一定要选择"Use MinTTY（the default terminal of MSYS2）"，也就是类似于 Linux 风格的命令行。它就是非常著名的 Cygwin，如图 3-17 所示。

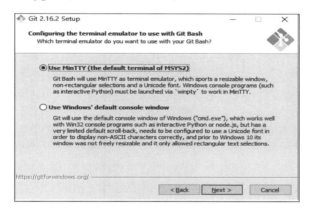

图 3-17　选择 console

步骤 11 单击 Next 按钮，询问其他配置项目。直接选择默认即可，如图 3-18 所示。

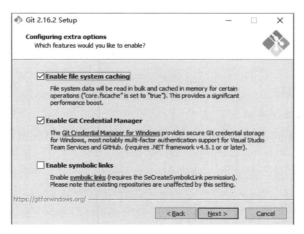

图 3-18　设置其他配置项目

步骤12 继续单击 Next 按钮,安装成功,如图 3-19 所示。

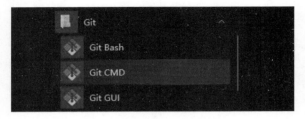

图 3-19　安装成功

3.3.3　使用 Git Bash

使用 Git Bash 进行如下的操作。

(1) 打开 Git Bash

打开 Git Bash 可以看到一片空白,如图 3-20 所示。

图 3-20　打开 Git Bash

(2) 查看当前路径:pwd

输入 $ pwd 就可以知道当前位置了。

```
dashi@i5-16g MINGW64 ~
$ pwd
/c/Users/dashi
```

在上面的结果中可以看到:

- dashi 是 Windows 系统的用户名(笔者的外号叫大师)。
- i5-16g 是计算机在局域网的名字。
- MINGW64 是操作系统的名字。可以认为它是 Linux、Windows、Mac 之外的第 4 种操作系统。
- $ 是命令行的前缀,后面的 pwd 就是输入的命令。
- /c/Users/dashi 就是当前位置,这个是 Linux 风格。实际上,它对应的 Windows 的标准路径是 C:\Users\dashi。

每次打开 Git Bash 的时候,都是默认的"当前用户在 Windows"中的用户文件夹。如果我们在一个窗口中打开这个路径，就可以看到用户文件夹了，如图 3-21 所示。

图 3-21　用户文件夹

由图中可以看到输入的路径是 C:\Users\dashi，结果在 GUI 中显示的文字是"此电脑→本地磁盘(C:)→用户→dashi→"。

（3）切换路径：cd

例如，想进入工作目录（位于 D:\workspace\happy_book_vuejs），可以这样：

```
dashi@i5-16g MINGW64 ~
$ cd /d/workspace/happy_book_vuejs/


dashi@i5-16g MINGW64 /d/workspace/happy_book_vuejs (master)
$
```

可以看到，D:\在 Git Bash 中对应的地址是/d，这个就是唯一需要注意的点了。

其他 Git 基本知识（git clone、git commit、git push 等）就不在本书中赘述了。

3.4　Webpack

随着单页应用的发展可以发现，使用的 JS/CSS/PNG 等文件特别多，比较难管理，文件夹结构也很容易混乱。很多时候我们希望项目可以具备压缩 CSS、JS，正确地处理各种

JS/CSS 的 import，以及相关的模板 HTML 文件。

在最开始的一段时间里，可以说每个 SPA 项目发展到一定规模，都会遇到这样的瓶颈。为了解决这个问题，就出现了 Webpack，其官方网站为 https://webpack.js.org/，GitHub 为 https://github.com/webpack/ webpack。

Webpack 官方网站页面如图 3-22 所示。

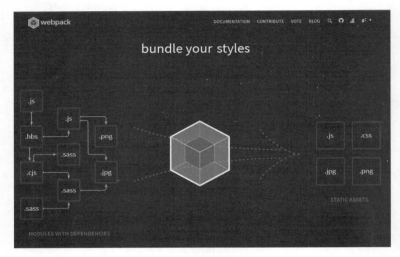

图 3-22　Webpack 官方网站页面

Webpack 是一个打包工具，可以把 JS、CSS、Node Module、Coffeescrip、SCSS/LESS、图片等都打包在一起，简直是模块化开发 SPA 的福音。因此，现在几乎所有的 SPA 项目、JS 项目都会用到 Webpack。

在前面的入门知识中，我们看到 Vue.js 只需要引入一个外部的 JS 文件就可以工作了。不过，在实际开发中，情况就复杂了很多，我们都是统一使用 Webpack+Vue.js 的方式来做项目的，这样才可以做到"视图""路由""component"等的分离，以及快速打包、部署及项目上线。

3.4.1　Webpack 的功能

Webpack 的功能非常强大，对各种技术都提供了支持，仿佛是一个"万能胶水"，把所有的技术都黏合（集成）到了一起。

1. 对文件的支持

- 支持普通文件。
- 支持代码文件。
- 支持文件转 URL（支持图片）。

2. 对 JSON 的支持

- 支持普通 JSON。

- 支持 JSON5。
- 支持 CSON。

3. 对 JS 预处理器的支持

- 支持普通 JavaScript。
- 支持 Babel（使用 ES2015+）。
- 支持 Traceur（使用 ES2015+）。
- 支持 Typescript。
- 支持 Coffeescript。

4. 对模板的支持

- 支持普通 HTML。
- 支持 Pug 模板。
- 支持 JADE 模板。
- 支持 Markdown 模板。
- 支持 PostHTML。
- 支持 Handlebars。

5. 对 Style 的支持

- 支持普通 Style。
- 支持 import。
- 支持 LESS。
- 支持 SASS/SCSS。
- 支持 Stylus。
- 支持 PostCSS。

6. 对各种框架的支持

- 支持 Vue.js。
- 支持 Angular2。
- 支持 Riot。

3.4.2　Webpack 的安装与使用

Webpack 的安装命令如下：

```
$ npm install --save-dev webpack
```

因为 Webpack 自身是支持 Vue.js 的，所以 Webpack 与 Vue.js 已经结合到很难区分的程度，我们索性就不区分，知道做什么事情需要运行什么命令就可以了。

在接下来的内容中，读者会看到 Webpack+Vue.js 共同开发的方法和步骤。

3.5 开发环境的搭建

- NPM：v6.14.8。
- Node：v14.17.5。
- Vue.js：3.2.2。

本书所有 Demo 都按照上面的版本来运行，不建议使用 Windows 7。

如果之前安装或者运行过其他版本的 Node 或者 Vue.js（例如 2.x），建议使用 NVM 重新安装，这样可以在不同版本的 Node 之间做切换和隔离。否则，会出现莫名其妙的版本不兼容问题。

3.5.1 安装 Vue.js

需要同时安装 Vue 和 vue-cli 这两个 Node package。为了方便学习，建议大家安装指定的版本（@vue/cli 使用 4.5.13 版本，Vue 使用 3.2.2 版本）。

运行下面的命令：

```
$ npm install -g @vue/cli@4.5.13 vue@3.2.2
npm install 表示安装某个 node package（包）
-g 表示这个包安装后可以被全局使用
```

@vue/cli：是一个完整的 Node package 名字，对应的是支持 Vue3 的 vue-cli 支持 Vue2 的 vue-cli 的名字是 vue-cli。

@vue/cli@4.5.13：表示使用的@vue/cli 的版本号是 4.5.13。

运行后，如果看到下面的消息，就说明安装成功：

```
+ @vue/cli@4.5.13
+ vue@3.2.2
added 942 packages from 588 contributors in 295.274s
```

3.5.2 创建基于 Webpack 的 Vue.js 项目

创建基于 Webpack 的 Vue.js 项目，我们运行以下命令：

```
$ vue create vue3_demo
```

之后，会进入到交互模式：

```
Vue CLI v4.5.13
Please pick a preset: (Use arrow keys)
  Default ([Vue 2] babel, eslint)
```

```
Default (Vue 3) ([Vue 3] babel, eslint)
> Manually select features
```

我们选择最下面的 Manually select features，然后按回车键，会出现选项，然后选择本项目中需要的特性，如下：

```
Vue CLI v4.5.13
Please pick a preset: Manually select features
Check the features needed for your project:
 (*) Choose Vue version
 (*) Babel
 ( ) TypeScript
 ( ) Progressive Web App (PWA) Support
 (*) Router
 (*) Vuex
 ( ) CSS Pre-processors
>( ) Linter / Formatter
 (*) Unit Testing
 ( ) E2E Testing
```

根据上面的提示，我们在第一个（Choose Vue version），第二个（Babel），第五个（Router），第六个（Vuex）和倒数第二个（Unit Testing）前面按空格键，表示选中，然后按回车键。接下来会出现版本选择，如下：

```
Choose a version of Vue.js that you want to start the project with
  2.x
> 3.x
```

选择 3.x 之后，按回车键，出现下面的提示，询问我们是否对路由使用 history 模式：

```
Use history mode for router? (Requires proper server setup for index fallback
in production) (Y/n)
```

我们直接按回车键，表示选择默认的 Yes，接下来会看到下面的提示，让我们选择单元测试框架，如下：

```
Pick a unit testing solution:
  Mocha + Chai
> Jest
```

这里选择 Jest 即可。接下来询问把 Babel 配置项目写在哪里，如下：

```
> In dedicated config files
  In package.json
```

这时按回车键默认即可。接下来询问是否保存本次的配置，可以选择保存，以方便下次使用，如下：

```
Save this as a preset for future projects? (y/N)
Save preset as: siwei_default_preset
```

至此，输入的条件结束，vue-cli 会开始创建新项目的工作，在控制台上会打印如下内容：

```
Vue CLI v4.5.13
  Creating project in D:\workspace_i7\vue3_demo.
    Initializing git repository...
    Installing CLI plugins. This might take a while...
...
added 27 packages from 45 contributors and updated 1 package in 67.935s


85 packages are looking for funding
run `npm fund` for details


  Running completion hooks...


Generating README.md...


Successfully created project vue3_demo.
Get started with the following commands:


$ cd vue3_demo
$ npm run serve
```

至此，一个基于 Vue3+Webpack，并且带有单元测试功能的项目就创建好了。我们进入到该项目中，安装对应的依赖：

```
$ cd vue3_demo
$ npm install
```

相关的依赖安装成功后，使用以下命令使其在本地以默认端口来运行：

```
$ npm run serve
```

然后就可以看到在本地已经运行起来了：

```
App running at:
- Local:   http://localhost:8080/
- Network: http://192.168.10.8:8080/

Note that the development build is not optimized.
To create a production build, run npm run build.
```

打开 http://localhost:8080 就可以看到刚才创建的项目欢迎页面,如图 3-23 所示。

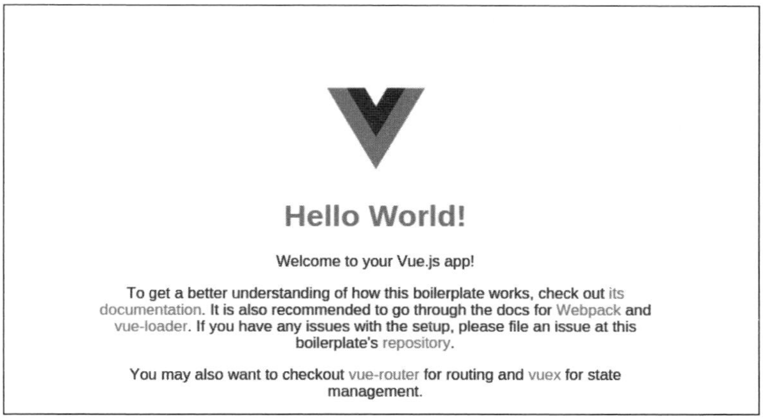

图 3-23　项目欢迎页面

3.6 Webpack 下的 Vue.js 项目文件结构

前面我们已经安装了 Webpack、vue-cli 并运行成功,看到了 Vue.js 的第一个页面。那么接下来我们首先需要对 Webpack 下的 Vue.js 有一个全面的了解。

在 3.5.2 节创建 Vue.js 项目代码之后运行下面命令:

```
$ vue create vue3_demo
```

会生成一个崭新的项目。它的文件结构如下:

```
▶ public/              // 默认只有静态文件 index.html
▶ node_modules/        // Node 第三方包
▶ src/                 // 源代码,包含了 main.js, App.vue, views/, assets 等
▶ tests                // 单元测试文件夹
  package.json         // Node 项目配置文件
```

下面将针对重要的文件和文件夹依次进行说明。

3.6.1 dist 文件夹

打包之后的文件所在目录如下：

```
▼ dist/
  ▼ css/
      app.0315ac41.css
  ▼ js/
      app.243c3baa.js
      app.243c3baa.js.map
      chunk-vendors.be593e2d.js
      chunk-vendors.be593e2d.js.map
  index.html
```

可以看到，对应的.css、.js、.map 文件都在这里。

注意，文件名中无意义的字符串是随机生成的，目的是为了让文件名发生变化，方便部署，同时方便 Nginx 服务器重新对该文件进行缓存。

- app.css：编译后的 CSS 文件。
- app.js：最核心的 JS 文件，几乎所有的代码逻辑都会打包到这里。
- chunk-vendor.js：一些依赖文件。

另外，每个.map 文件都非常重要。可以简单地认为有了.map 文件，浏览器就可以先下载整个.js 文件，然后在后续的操作中"部分加载"对应的文件。

切记这个文件夹不要放到 Git 中，因为每次编译之后，这里的文件都会发生变化。

3.6.2 node_modules 文件夹

Node 项目所用到的第三方包特别多，也特别大。这些文件是由$ npm install 命令产生的。所有在 package.json 中定义的第三方包都会被自动下载，保存在该文件夹下。

package.json 文件的内容如下：

```
{
 "name": "vue3_demo",
 "version": "0.1.0",
 "private": true,
 "scripts": {
  "serve": "vue-cli-service serve",
  "build": "vue-cli-service build",
  "test:unit": "vue-cli-service test:unit"
 },
```

```
"dependencies": {
  "axios": "^0.22.0",
  "core-js": "^3.6.5",
  "vue": "^3.0.0",
  "vue-router": "^4.0.0-0",
  "vuex": "^4.0.0-0"
},
"devDependencies": {
  "@vue/cli-plugin-babel": "~4.5.0",
  "@vue/cli-plugin-router": "~4.5.0",
  "@vue/cli-plugin-unit-jest": "~4.5.0",
  "@vue/cli-plugin-vuex": "~4.5.0",
  "@vue/cli-service": "~4.5.0",
  "@vue/compiler-sfc": "^3.0.0",
  "@vue/test-utils": "^2.0.0-0",
  "typescript": "~3.9.3",
  "vue-jest": "^5.0.0-0"
}
}
```

node_modules 文件夹中往往会有几百个文件夹，如图 3-24 所示。

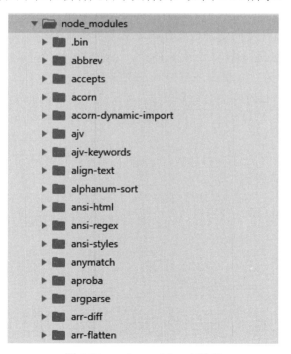

图 3-24　node_modules 文件夹

8FD9 个文件夹不能放到 Git 中。

3.6.3　src 文件夹

src 文件夹是核心源代码的所在目录，展开后如下所示（不同版本的 vue-cli 生成的目录会稍有不同，不过核心都是一样的）：

```
▼ src/
  ▼ assets/
      logo.png
  ▼ components/
      Book.vue
      BookList.vue
      Hello.vue
  ▼ router/
      index.js
    App.vue
    main.js
```

- assets 文件夹：所有使用的图片都可以放在这个文件夹中。
- components 文件夹：用到的"视图"和"组件"所在的文件夹（核心）。
- router/index.js 文件夹：是路由文件，定义了各个页面对应的 URL。
- index.html：如果是一级页面模板的话，App.vue 就是二级页面模板。所有的其他 Vue.js 页面都作为该模板的一部分被渲染出来。
- main.js 文件夹：没有实际的业务逻辑，而是为了支撑整个 Vue.js 框架，作为程序的入口存在。

第 4 章

Webpack+Vue.js 实战

本章将带领读者自己动手学习 Webpack+Vue.js。

首先下载代码（https://github.com/sg552/vue3_lesson_demo），并且根据 GitHub 上的 README 搭建好环境，运行 Demo。

只有一边学习一边编写代码，才能真正看到效果，因为调试代码的过程是无法脑补出来的。

4.1 创建一个页面

在 Vue.js 中创建页面需要以下两步：

（1）新建路由。

（2）新建 Vue 页面。

4.1.1 新建路由

默认的路由文件是 src/router/index.js，将其打开之后，我们增加两行：

```
import { createRouter, createWebHistory } from 'vue-router'

import Index from '@/views/Index'

// 增加这一行，作用是引入 src/views/SayHi.vue 这个文件
import Hello from '@/views/SayHi'

const routes = [
    {
```

```
    path: '/',
    name: 'Index',
    component: Index
  },

  /* 增加这一行，表示对于所有的/say_hi 请求，都使用 SayHi.vue 来处理
   * 下面的 name: 'SayHi' 可以省略，在 view 中这样调用即可
   * <router-link to="/say_hi"> SayHi </router-link>
   */
  {
    path: '/say_hi,
    name: 'SayHi',
    component: SayHi
  }
]
const router = createRouter({
  history: createWebHistory(process.env.BASE_URL),
  routes
})

export default router
```

上面的代码中：

```
import Hello from '@/views/Hello'
```

表示从当前目录下的 Components 引入文件，@表示 src 目录。

然后利用下面的代码定义一个路由：

```
routes: [
    {
      path: '/say_hi',     // 对应一个 url
      name: 'SayHi',       // Vue.js 内部使用的名称
      component: SayHi     // 对应的.vue 页面的名字
    },
]
```

也就是说，每当用户的浏览器访问 http://localhost:8080/say_hi 时，就会渲染 src/views/SayHi.vue 文件。name: 'SayHi'定义了该路由在 Vue.js 内部的名称。

4.1.2 创建一个新的 View（视图文件）

由于我们在路由中引用了 View：src/views/SayHi.vue，接下来就创建这个文件。代码如下：

```
<template>
  <div >
    Hi Vue!
  </div>
</template>

<script>
export default {
  data () {
    return { }   // 这里暂时不用写任何内容
  }
}
</script>

<style>
</style>
```

在上面的代码中：

- <template></template>代码块中表示的是 HTML 模板，里面写的就是最普通的 HTML。
- <script/>表示的是 JS 代码，所有的 JS 代码都写在这里。这里使用的是 EMScript。
- <style>表示所有的 CSS/SCSS/SASS 文件都可以写在这里。

现在，可以直接访问 http://localhost:8080/say_hi 了，页面如图 4-1 所示。

图 4-1　页面效果

4.1.3 为页面添加样式

我们可以为页面添加一些样式，让它变得好看一些。

```
<template>
  <div class='hi'>
    Hi Vue!
  </div>
</template>

<script>
export default {
  data () {
    return { }
  }
}
</script>

<style>
.hi {
  color: red;
  font-size: 20px;
  font-style: italic;
}
</style>
```

注意上面代码中的<style>标签，里面与普通的 CSS 一样定义了样式。

```
.hi {
  color: red;
  font-size: 20px;
  font-style: italic;
}
```

刷新浏览器，可以看到文字加了颜色、字体变大、斜体，如图 4-2 所示。

图 4-2　为文字添加效果

4.1.4　Webpack 项目与原生 Vue.js 项目的代码对应关系

如果要在 Vue 页面中定义一个变量，并显示出来，就需要事先在 data 中定义。

```
export default {
  data () {
    return {
      msg: 'Welcome to Your Vue.js App'
    }
  }
}
```

可以看到，上面的代码是通过 Webpack 的项目来写的。在原生的 Vue.js 中定义一个变量（Property）的方法如下所示：

```
let init = {
  data: function() {
    return {
      msg: 'Welcome to Your Vue.js App'
    }
  }
}
Vue.createApp(init).mount('#app')
```

我们可以认为，之前在"原生的 Vue.js"的代码中存在于 Vue.createApp({...})中的代码，在 Webpack 框架下，都应该放到 export default{ .. }代码块中。

完整的代码（src/views/Hello.vue）如下所示：

```
<template>
  <div class="hello">
    <h1>{{ msg }}</h1>
  </div>
</template>

<script>
export default {
  data () {
    return {
      msg: 'Welcome to Your Vue.js App'
    }
```

```
    }
  }
}
</script>

<style>
h1 {
  color: red;
}
</style>
```

页面效果如图 4-3 所示。

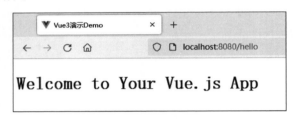

图 4-3　页面效果

4.2　Vue.js 中的 ECMAScript

有一定编程经验的读者会发现，我们使用的不是"原生的 JavaScript"，而是一种新的语言，这个语言就是 ECMAScript。

严格来说，ECMAScript 是 JavaScript 的规范，JavaScript 是 ECMA 的实现。

ECMAScript 的简称是 ES，其版本比较多，有 ES 2015、ES 2016、ES 2017 等，很多时候我们用 ES6 来泛指这三个版本。从 http://kangax.github.io/compat-table/es6/中可以看到，ES6 的 90%的特性都已经被各大浏览器实现了。

具体的细节不去深究，我们就暂且认为 ECMAScript 实现了很多普通 JS 无法实现的功能。同时，在 Vue.js 项目中大量使用了 ES 的语法。

下面是极简版的 ES6 入门知识。读者只要看懂这些代码，就可以继续阅读本书。

4.2.1　let、var、常量与全局变量

声明本地变量，使用 let 或 var，两者的区别如下：

- var：有可能引起变量提升，或者块级作用域的问题。
- let：就是为了解决以上两个问题存在的。

最佳实践：多用 let，少用 var，遇到诡异变量问题时，就查一查是不是 var 的问题。下面是三个对比：

```
var title = '标题';      // 没问题
let title = '标题';      // 没问题
title = '标题';          // 这样做会报错
```

在 Webpack 下的 Vue.js 中使用任何变量，都要使用 var 或 let 来声明。常量：

```
const TITLE='标题';
```

对于全局变量，直接在 index.html 中声明即可。例如：

```
window.title = '我的博客列表'
```

4.2.2 导入代码——import

import 用于导入外部代码。例如：

```
import Vue from 'vue'
import Router from 'vue-router'
```

上面的代码，目的是引入 Vue 和 vue-router（由于它们是在 package.json 中定义的，因此可以直接 import ... from <包名>，否则要加上路径）。

```
import SayHi from '@/views/SayHi'
```

在 from 后面添加@符号，表示是在本地文件系统中引入文件。@代表源代码目录，一般是 src。

@出现之前，我们在编码时也会这样写：

```
import Swiper from '../components/swiper'
import SwiperItem from '../components/swiper-item'
import XHeader from '../components/header/x-header'
import store from '../vuex/store'
```

如果某个文件的层次过深，在 import 语句中就会出现多层的"../../../../"这样的结构，容易引起阅读的困难，所以推荐使用@方法。

4.2.3 方便其他代码使用自身——export default {..}

在每个 Vue 文件的<script>中，都会存在 export default {..}代码，作用是方便其他代码对这个代码进行引用。对于 Vue.js 程序员来说，记住这个写法就可以了。

在 ES6 之前，JS 没有统一的模块定义方式，流行的定义方式有 AMD、CommonJS 等，这些方式都是以一种"打补丁"的形式实现这个功能。ES6 从语言层面对定义模块的方式进行了统一。

假设有 lib/math.js 文件，其内容如下：

```
export function sum(x, y) {
  return x + y
}
export var pi = 3.141593
```

lib/math.js 文件可以导出两个内容，一个是 function sum，另一个是 var pi。

我们可以定义一个新的文件：app.js，内容如下：

```
import * as math from "lib/math"
alert("2π = " + math.sum(math.pi, math.pi))
```

在上面的代码中，可以直接调用 math.sum 和 math.pi 方法。

新建一个文件：other_app.js，内容如下：

```
import {sum, pi} from "lib/math"
alert("2π = " + sum(pi, pi))
```

在上面的代码中，通过 import {sum, pi} from "lib/math" 可以在后面直接调用 sum() 和 pi。而 export default { ... } 则是暴露出一段没有名字的代码，不像 export function sum(a,b){ .. } 有一个名字（sum）。

在 Webpack 下的 Vue.js，会自动对这些代码进行处理，属于框架内的工作。读者只要按照这个规则来写代码，就一定没有问题。

4.2.4 ES 中的简写

有时我们会发现这样的代码：

```
<script>
export default {
  data () {
    return { }
  }
}
</script>
```

实际上，上面的代码是一种简写形式，等同于下面的代码：

```
<script>
export default {
```

```
    data: function() {
      return { }
    }
  }
</script>
```

4.2.5 箭头函数（=>）

ES 也可以通过箭头表示函数：

```
.then(response => ... );
```

等同于：

```
.then(function (response) {
  // ...
})
```

这样写的好处就是简化代码，定义了作用域。使用=>之后可以避免很多由作用域产生的问题，建议大家多使用。

4.2.6 hash 中同名的 key、value 的简写

```
let title = 'triple body'

return {
  title: title
}
```

等同于：

```
let title = 'triple body'

return {
  title
}
```

4.2.7 省略分号

代码中可以省略分号，例如：

```
var a = 1
var b = 2
```

等同于：

```
var a = 1;
var b = 2;
```

4.2.8 解构赋值

我们先定义好一个 hash：

```
let person = {
  firstname : "steve",
  lastname : "curry",
  age : 29,
  sex : "man"
};
```

然后可以这样定义：

```
let {firstname, lastname} = person
```

上面一行代码等同于：

```
let firstname = person.firstname
let lastname = person.lastname
```

可以这样定义函数：

```
function greet({firstname, lastname}) {
  console.log(`hello,${firstname}.${lastname}!`);
};

greet({
  firstname: 'steve',
  lastname: 'curry'
});
```

4.3 Vue.js 渲染页面的过程和原理

只有知道了一个页面是如何被渲染出来的，才能更好地理解框架并能顺利调试代码。下面就来学习一下这个 Vue.js 渲染页面过程。

4.3.1 渲染步骤 1：JS 入口文件

Vue3 的 Webpack 项目中，默认会启动一个本地服务器（通过 npm run serve 命令），该服务器会运行在本地 8080 端口，并且默认会渲染 public/index.html，内容如下：

```html
<!DOCTYPE html>
<html lang="">
  <body>
    <!-- ... 其他内容 -->
    <div id="app"></div>
  </body>
</html>
```

在上面的代码，会被本地服务器自动渲染，在底部增加<script>标签：

```html
<!DOCTYPE html>
<html lang="">
  <body>
    <!-- ... 其他内容 -->
    <div id="app"></div>
  </body>
<!-- 下面这个标签就是自动被加上的 -->
<script type="text/javascript" src="/js/chunk-vendors.js"></script>
<script type="text/javascript" src="/js/app.js"></script></body>
</html>
```

其中 app.js 中就定义了所有包含的入口文件。虽然我们打开它之后看起来是一团乱码，但实际上该文件是把所有 src 目录下的文件组织到了一起，方便 Vue 的调用。

4.3.2 渲染步骤 2：静态的 HTML 页面（index.html）

虽然我们打开的是 http://localhost:8080，实际上打开的文件是 public/index.html，所以找到该文件，我们就可以看到其内容。

```html
<!DOCTYPE html>
<html lang="">
  <head>
    <meta charset="utf-8">
    <title>Vue3 演示 Demo</title>
  </head>
```

```
<body>
  <div id="app"></div>
</body>
</html>
```

这里的<div id="app"></div>就是将来会动态变化的内容。这个 index.html 文件是最外层的模板。

4.3.3 渲染步骤 3：main.js 中的 Vue 定义

我们来看看 src/main.js 文件，其内容如下：

```
import { createApp } from 'vue'
import App from './App.vue'
import router from './router'
import store from './vuex/store'

createApp(App).use(store).use(router).mount('#app')
```

上面的 App.vue 会被 main.js 加载。App.vue 的内容如下：

```
<template>
  <router-view/>
</template>

<style>
</style>
<script>
</script>
```

上面代码中的<template/>就是第二层模板，可以认为该页面的内容就是在这个位置被渲染出来的。

所有<router-view>中的内容都会被自动替换。<style>标签中可以写 CSS 代码，<script>中的代码则是脚本代码。

4.3.4 渲染原理与实例

Vue.js 就是最典型的 Ajax 工作方式，即只渲染部分页面。

浏览器的页面从来不会整体刷新，所有的页面变化（或者说由 Vue 渲染的所有内容）都限定在 index.html 中的<div id="app"></div>代码中。

```html
<html lang="">
  <head>
    <meta charset="utf-8">
    <title>Vue3 演示 Demo</title>
  </head>
  <body>
    <div id="app"></div>    <!-- Vue 渲染的所有内容都在这一行 -->
  </body>
</html>
```

所有的动作都可以靠 url 来触发。例如：

- /books_list：对应某个列表页。
- /books/3：对应某个详情页。

这个技术就是靠 Vue.js 的核心组件 vue-router 来实现的。

不使用 Router 的技术：QQ 邮箱

QQ 邮箱属于 url 无法与某个页面一一对应的项目。所有页面的跳转，都无法根据 url 来判断。最大的特点是不能保存页面的状态，难以调试，无法根据 url 进入某个页面。

4.4 视图中的渲染

前面我们介绍了项目的运行（hello world）、文件夹的结构及 index.html 中的内容是如何一点点渲染出来的。下面学习 Vue.js 中视图的操作。

4.4.1 渲染某个变量

（本节对应的源文件为 src/views/SayHiFromVariable.vue）

假设定义了一个变量：

```
<script>
export default {
  data () {
    return {
      my_value: '默认值',
    }
  },
```

}
</script>

可以这样来显示它：

```
<div>{{my_value}}</div>
```

完整代码如下：

```
<template>
  <div>
    {{message}}
  </div>
</template>

<script>
export default {
  data () {
    return {
      message: '你好 Vue！本消息来自于变量'
    }
  }
}
</script>
<style>
</style>
```

上面的代码显示定义了 message 变量，然后将其在<h1></h1>中显示出来。

打开 http://localhost:8080/say_hi_from_variable 页面，就可以看到如图 4-4 所示的结果。

图 4-4　运行结果

4.4.2　方法的声明和调用

声明一个 show_my_value 方法，代码如下：

```
<script>
```

```
export default {
  data () {
    return {
      my_value: '默认值',
    }
  },
  methods: {
    show_my_value: function(){
      // 注意下面的 this.my_value，要用到 this 关键字
      alert('my_value: ' + this.my_value);
    },
  }
}
</script>
```

调用上面的方法：

```
<template>
  <div>
    <input type='button' @click="show_my_value()" value='Show'/>
  </div>
</template>
```

对于有参数的方法，直接传递参数就可以了。例如：

```
<template>
  <div>
    <input type='button' @click="say_hi('Jim')" value='Show'/>
  </div>
</template>
<script>
export default {
  data () {
    return {
      my_value: '默认值',
    }
  },
  methods: {
```

```
  say_hi: function(name){
    alert('hi, ' + name)
  },
 }
}
</script>
```

上面的代码中：

```
<input type='button' @click="say_hi('Jim')" value='Show'/>
```

就会调用 say_hi 方法，传入参数'Jim'。

效果如图 4-5 所示。

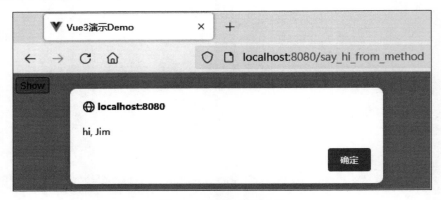

图 4-5　视图中调用方法

4.4.3　事件处理：v-on

很多时候，@click 等同于 v-on:click。下面两行代码是等价的：

```
<input type='button' @click="say_hi('Jim')" value='Show'/>
<input type='button' v-on:click="say_hi('Jim')" value='Show'/>
```

4.5　视图中的 Directive（指令）

我们在学习其他后端语言的时候，知道每种语言都有对应的服务器端渲染的文件：

- Java：对应有 jsp 页面。
- .NET：对应有 aspx 页面。
- PHP：对应有 php 页面。
- Ruby：对应有 erb 页面。

在 Vue.js 中也有类似的编程能力。但是因为 Vue.js 是一种 JavaScript 框架，所以只能与标签结合使用，叫作 Directive（指令）。

我们之前看到的 v-on、v-bind、v-if、v-for 等，只要是以 v 开头的，都是 Directive。

原理：

（1）用户在浏览器中输入网址，按回车键。
（2）浏览器加载所有的资源（JS、HTML 内容），此时尚未解析。
（3）浏览器加载 Vue.js。
（4）Vue.js 程序被执行，发现页面中的 Directive 并进行相关的解析。
（5）HTML 中的内容被替换，展现给用户。

因此，我们在开发一个 Vue.js 项目的时候会看到大量的 Directive。这里的基础务必要打好。

4.5.1　前提：在 Directive 中使用表达式（Expression）

- 表达式：a>1（有效）。
- 普通语句：a=1（这是个声明，不会生效）。
- 控制语句：return a（不会生效）。

在所有的 Directive 中，只能使用表达式，不能使用普通语句和控制语句。

正确的：

```
<div v-if="a > 100">
</div>
```

错误的：

```
<div v-if="return false">
</div>
```

4.5.2　v-for（循环）

（本节对应的源文件为 public/with_external_link_v-for.html）

例子代码如下：

```
<html>
<head>
  <script src="https://cdn.jsdelivr.net/npm/vue@3.2.2"></script>
</head>
<body>
    <div id='app'>
```

```html
        <p>Vue.js 周边的技术生态有： <p>
        <br/>
        <ul>
            <li v-for="tech in technologies">
                {{tech}}
            </li>
        </ul>
    </div>
    <script>
        Vue.createApp({
            data() {
              return{
                technologies: [
                    "nvm", "npm", "node", "webpack", "ecma_script"
                  ]
                }
              }
        }).mount('#app')
    </script>
</body>
</html>
```

上面代码中的 technologies 是在 data 中被定义的。

```
technologies: [
  "nvm", "npm", "node", "webpack", "ecma_script"
]
```

然后在下面的代码中被循环显示。

```
<li v-for="tech in technologies">
  {{tech}}
</li>
```

使用浏览器打开上面代码后，结果如图 4-6 所示。

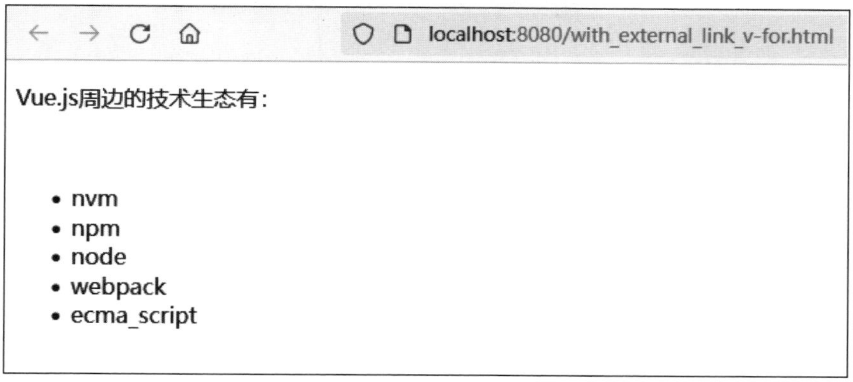

图 4-6 v-for 的运行结果

4.5.3　v-if（判断）

（本节对应的源文件为 public/with_external_link_v-if.html）

条件 Directive 是由 v-if、v-else-if、v-else 配合完成的。下面是一个完整的例子：

```
<html>
<head>
  <script src="https://cdn.jsdelivr.net/npm/vue@3.2.2"></script>
</head>

<body>
    <div id='app'>
        <p>我们要使用的技术是：<p>

        <div v-if="name === 'Vue.js'">
            Vue.js !
        </div>
        <div v-else-if="name === 'angular'">
            Angular
        </div>
        <div v-else>
            React
        </div>
    </div>
    <script>
        Vue.createApp({
```

```
        data() {
          return{
            name: 'Vue.js'
          }
        }
      }).mount("#app")
    </script>
  </body>
</html>
```

注意，v-if 后面的引号中是 name=== 'Vue.js'，===是 Ecmascript 的语言，表示严格判断（由于 JS 的==有先天缺陷，因此在 95%的情况下，都是使用三个等号的形式）。使用浏览器打开上面的代码后，结果如图 4-7 所示。

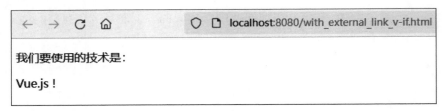

图 4-7 v-if 运行结果

4.5.4 v-if 与 v-for 的结合使用与优先级

（本节对应的源文件为 public/with_external_link_v-for_and_v-if.html）

在 Vue3 中，当 v-if 与 v-for 一起使用时，v-if 具有比 v-for 更高的优先级。也就是说，Vue.js 会先执行 v-if，再执行 v-for。所以不建议两者同时使用。

下面是个完整的例子：

```
<html>
<head>
  <script src="https://cdn.jsdelivr.net/npm/vue@3.2.2"></script>
</head>

<body>
    <div id='app'>
      <p> 全部的技术是：   </p>
      <p> v-for 与 v-if 的结合使用，只打印出以"n"开头的技术：   <p>
      <ul>
         <template v-for="tech in technologies" :key="tech">
```

```
            <li v-if="tech.indexOf('n') === 0">
                {{tech}}
            </li>
        </template>
    </ul>
</div>
<script>
    Vue.createApp({
        data() {
            return{
                technologies: [
                    "nvm", "npm", "node", "webpack", "ecma_script"
                ]
            }
        }
    }).mount('#app')
</script>
</body>
</html>
```

可以看到，在上面的代码中，v-if 与 v-for 结合使用了，先是做了循环 tech in technologies，然后对当前的循环对象 tech 做了判断。核心代码如下所示：

```
<li v-for="tech in technologies" v-if="tech.indexOf('n') === 0">
    {{tech}}
</li>
```

使用浏览器打开上面的代码后，结果如图 4-8 所示。

图 4-8　v-for 与 v-if 的运行结果

4.5.5　v-bind（绑定）

（本节对应的源文件为 public/with_external_link_v-bind.html）

v-bind 指令用于把某个属性绑定到对应的元素属性。例如：

```
<html>
<head>
  <script src="https://cdn.jsdelivr.net/npm/vue@3.2.2"></script>
</head>

<body>
  <div id='app'>
    <p v-bind:style="'color:' + my_color">Vue.js 学起来好开心~（颜色：{{my_color}}）</p>
    <button @click="change_color()">变颜色</button>
  </div>
  <script>
    let app = Vue.createApp({
      data() {
        return {
          my_color: 'green'
        }
      },
      methods:{
        change_color(){
          this.my_color = this.my_color == 'green' ? 'red' : 'green'
          console.info("== 新颜色是: ", this.my_color)
        }
      }
    })
    app.mount('#app')
  </script>
</body>
</html>
```

在上面的代码中，通过 v-bind 把<p>元素的 style 的值绑定成了'color:' + my_color 表达式。当 my_color 的值发生变化时，对应<p>的颜色也会发生变化。

例如：默认页面打开后，文字是绿色的（请读者自行打开页面查看颜色，后同），如图

4-9 所示。

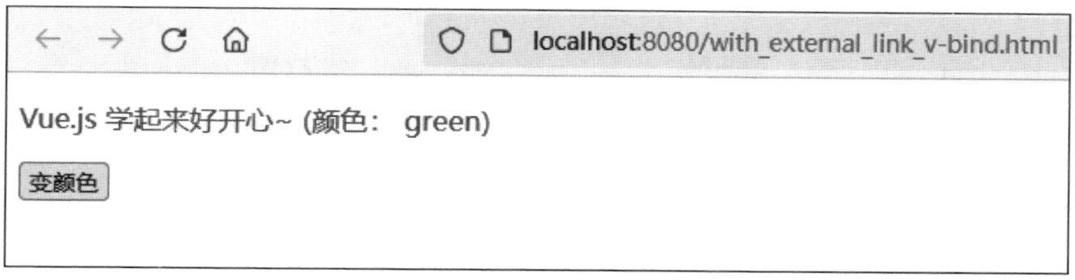

图 4-9 默认文字是绿色的

如何知道变量 my_color 已经绑定到 <p> 上了呢？我们在 console 中输入 "app.$data.my_color = "red""，就可以看到对应的文字颜色变成了红色，如图 4-10 所示。

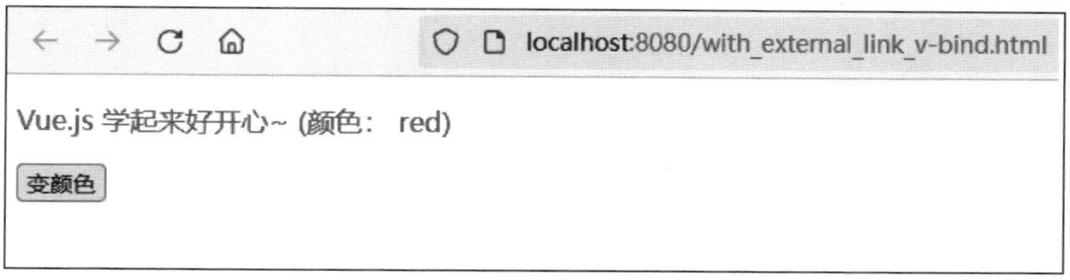

图 4-10 文字变成了红色

对于所有的属性，都可以使用 v-bind。例如：

```
<div v-bind:style='...'> </div>
```

会生成：

```
<div style='...'> </div>
```

对于下面的语句：

```
<div v-bind:class='...'> </div>
```

会生成：

```
<div class='...'> </div>
```

对于下面的语句：

```
<div v-bind:id='...'> </div>
```

会生成：

```
<div id='...'> </div>
```

4.5.6 v-on（响应事件）

（本节对应的源文件为 public/with_external_link_v-on.html）

v-on 指令用于触发事件。例如：

```html
<html>
<head>
  <script src="https://cdn.jsdelivr.net/npm/vue@3.2.2"></script>
</head>
<body>
    <div id='app'>
      {{ message }}
      <br/>
      <button v-on:click='highlight' style='margin-top: 50px'>真的吗</button>
    </div>
    <script>
      Vue.createApp({
        data() {
          return {
            message: '学习Vue.js使我快乐~ '
          }
        },
        methods: {
          highlight: function() {
            this.message = this.message + '是的, 工资还会涨~!'
          }
        }
      }).mount('#app')
    </script>
</body>
</html>
```

在上面的代码中通过 v-on:click 的声明,当<button>被单击后,就会触发 highlight 方法。单击前的页面如图 4-11 所示。

图 4-11　单击前的页面

单击后的页面如图 4-12 所示。

图 4-12　单击后的页面

v-on 后面可以接 HTML 的标准事件。例如：

- click（单击）。
- dblclick（双击）。
- contextmenu（右键菜单）。
- mouseover（鼠标指针移到有事件监听的元素或其子元素内）。
- mouseout（鼠标指针移出元素，或者移到其子元素上）。
- keydown（键盘动作：按下任意键）。
- keyup（键盘动作：释放任意键）。

对于 v-on 的更多说明，请参看 Event 的对应章节。

> v-on 可以简写，v-on:click 往往会写成@click，v-on:dblclick，也会写成@dblclick，读者查看代码的时候要注意。

4.5.7　v-model（模型）与双向绑定

（本节对应的源文件为 public/with_external_link_two_way_binding.html）

v-model 往往用来做"双向绑定"（two way binding）。双向绑定的含义如下：

（1）可以通过表单（用户手动输入的值）来修改某个变量的值。

（2）可以通过程序的运算来修改某个变量的值，并且影响页面的展示。

双向绑定可以大大方便我们的开发。例如，在制作一个天气预报的软件时，需要在前台展示"当前温度"，如果后台代码做了某些操作后，就会发现"当前温度"发生了变化。

如果没有双向绑定，代码就会比较膨胀，做各种条件判断。有了双向绑定，就可以做到后台变量一变化，前台对于该变量的展示就会发生变化。

下面是一个完整的页面源代码：

```
<html>
<head>
  <script src="https://cdn.jsdelivr.net/npm/vue@3.2.2"></script>
</head>


<body>
```

```
    <div id='app'>
        <p> 你好, {{name}} ! </p>
        <input type='text' v-model="name" />
    </div>
    <script>
        // 这里定义了 App, 就可以在其他地方通过 app.$data.name 来修改 name 变量
        let app = Vue.createApp({
            data() {
                return {
                    // 下面一行代码不能省略, 这里声明了 name 变量
                    name: 'Vue.js（默认）'
                }
            }
        }).mount('#app')
    </script>
</body>
</html>
```

在上面的代码中，可以看到：

（1）使用了 <input type='text' v-model="name" /> 把变量 name 绑定在<input>输入框上（可以在这里看到 name 的值）。

（2）使用了 <p> 你好，{{name}}！</p> 把变量 name 显示在页面上。

（3）在初始化中，使用 data() ...{ name: '...' } 的方式对变量 name 进行了初始化。

使用浏览器打开该 HTML 页面，可以看到最初的状态如图 4-13 所示。

图 4-13　最初的状态

可以看到，图 4-13 中显示的文字是"你好，Vue.js！"。

然后在输入框中把内容改为"Vue.js 和 Webpack"，于是页面就发生了变化，如图 4-14 所示。

图 4-14　页面发生变化

这就说明，我们通过输入框来改变某个变量的值是成功的。

打开浏览器中的 Peveloper Tools（建议用 Chrome，Chrome 下的操作方式是按 F12 键）。在 console 中输入 app.$data.name = "明日 Vue.js 高手"，就会看到如图 4-15 所示的效果。

图 4-15　页面效果

这就说明，我们通过运算来改变某个变量的值是成功的。

4.6　发送 HTTP 请求

每个 SPA 项目都要使用 HTTP 请求，这些请求从服务器读取数据，然后：

（1）在前端页面进行展示，如论坛应用中显示文章列表。

（2）做一些逻辑判断，如注册页面需要判断某个用户名是否已经存在。

（3）做一些数据库的保存操作，如修改密码。

所以，HTTP 请求非常重要。

在进行下面的学习之前，我们需要为当前的 SPA 项目加上 HTTP 请求的支持。这里我们使用 axios 这个第三方插件。在项目根目录下直接运行下面命令：

```
$ npm install axios
```

4.6.1　调用 HTTP 请求

（本节对应的源文件为 src/views/BlogList.vue）

例如，我们新增一个页面为"博客列表页"，其作用是从作者的个人网站（http://siwei.me）上读取文章的标题并显示出来。

代码如下:

```
<template>
  <div >
    <my-logo :title="title">
    </my-logo>
    <input type='button' @click='change_title' value='点击修改标题'/><br/>
    <table>
      <tr v-for="blog in blogs">
        <td>
          <router-link :to="{name: 'Blog', query: {id: blog.id}}">
            {{blog.id}}
          </router-link>
        </td>
        <td @click='show_blog(blog.id)'>{{blog.title }}</td>
      </tr>
    </table>
  </div>
</template>

<script>
import MyLogo from '@/components/Logo'
const axios = require('axios');

export default {
  data: function() {
    return {
      title: '博客列表页',
      blogs: [
      ]
    }
  },
  methods: {
    show_blog: function(blog_id) {
      console.info("blog_id:" + blog_id)
```

```
      this.$router.push({name: 'Blog', query: {id: blog_id}})
    },
    change_title: function(){
      this.title = '好多文章啊(标题被代码修改过了)'
    }
  },
  mounted() {
    axios.get('/api/interface/blogs/all').then((response) => {
      console.info(response)
      this.blogs = response.data.blogs
    }, (response) => {
      console.error(response)
    });
  },
  components: {
    MyLogo
  }
}
</script>

<style >
td {
  border-bottom: 1px solid grey;
}
</style>
```

在上面的代码中，我们先看 <script/> 代码段：

```
import MyLogo from '@/components/Logo'
const axios = require('axios');


export default {
  data: function() {
    return {
      title: '博客列表页',
      blogs: [
```

```
      ]
    }
  },
  methods: {
    show_blog: function(blog_id) {
      console.info("blog_id:" + blog_id)
      this.$router.push({name: 'Blog', query: {id: blog_id}})
    },
    change_title: function(){
      this.title = '好多文章啊(标题被代码修改过了)'
    }
  },
  mounted() {
    axios.get('/api/interface/blogs/all').then((response) => {
      console.info(response)
      this.blogs = response.data.blogs
    }, (response) => {
      console.error(response)
    });
  },
  components: {
    MyLogo
  }
}
```

上面的代码先定义了两个变量：title 和 blogs，然后定义了一个 mounted 方法。该方法表示当页面加载完毕后应该做哪些事情，是一个钩子方法。

```
axios.get('/api/interface/blogs/all').then((response) => {
  console.info(response.body)
  this.blogs = response.body.blogs
}, (response) => {
  console.error(response)
});
```

上面的代码是发起 HTTP 请求的核心代码。访问的接口地址是/api/interface/blogs/all，然后使用 then 方法做下一步的事情，then 方法接受两个函数作为参数，第一个是成功后做什么，第二个是失败后做什么。

成功后的代码如下：

```
this.blogs = response.body.blogs
```

在对应的视图部分显示：

```
<tr v-for="blog in blogs">
  <td></td>
</tr>
```

4.6.2　远程接口的格式

在远程服务器上读取个人博客标题的接口是 http://siwei.me/interface/blogs/all。其返回的内容如下：

```
{
  blogs: [
    {
      id: 2395,
      title: "linux - create new service status restart start",
      created_at: "2022-02-04T16:45:21+08:00"
    },
    {
      id: 2394,
      title: "javascript - axios 会发送 OPTIONS 请求?",
      created_at: "2022-02-03T15:11:48+08:00"
    },
    {
      id: 2393,
      title: "vue - unreachable code after return statement",
      created_at: "2022-02-03T09:25:34+08:00"
    },
    // 更多内容…
  ]
}
```

在浏览器中打开后，页面效果如图 4-16 所示（使用插件做了 JSON 的代码格式化）。

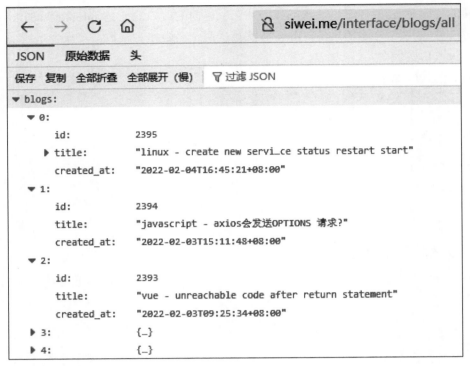

图 4-16　页面效果

4.6.3　设置 Vue.js 开发服务器的代理

通常来说，JavaScript 在浏览器中是无法发送跨域请求的，我们需要在 Vue.js 的"开发服务器"上做转发配置。

修改 vue.config.js 文件，增加下列内容：

```
module.exports = {
  devServer: {
    proxy: {
      // 1. 对所有以 "/api" 开头的 url 做处理
      '/api': {
        target: 'http://siwei.me',  // 3. 转发到 siwei.me 上
        secure: true,
        changeOrigin: true,
        pathRewrite: {
          '^/api': '',  // 2. 把 url 中的 "/api" 去掉
        },
      }
    },
  },
}
```

上面的代码做了以下三件事。

（1）对所有以"/api"开头的 url 做处理。
（2）把 url 中的"/api"去掉。
（3）把新的 url 请求转发到 siwei.me 上。

例如：

- 原请求：http://localhost:8080/api/interface/blogs/all。
- 新请求：http://siwei.me/interface/blogs/all。

> 以上代理服务器内容只在"开发模式"下才能使用。在生产模式下，只能靠服务器的 Nginx 特性来解决 JS 跨域问题。

重启服务器，转发设置就会生效。

4.6.4 打开页面，查看 HTTP 请求

接下来我们访问 http://localhost:8080/blogs。

打开 chrome developer tools 就可以看到，网络标签中已经有请求发出去了，如图 4-17 所示的结果。

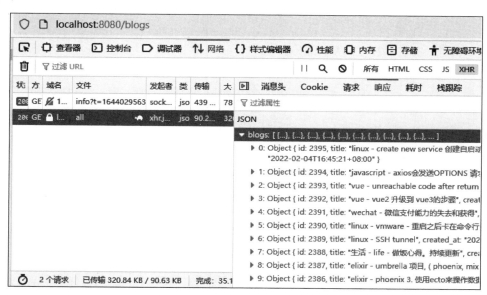

图 4-17 发出请求后的结果

也可以直接在浏览器中输入要打开的链接，结果如图 4-18 所示。

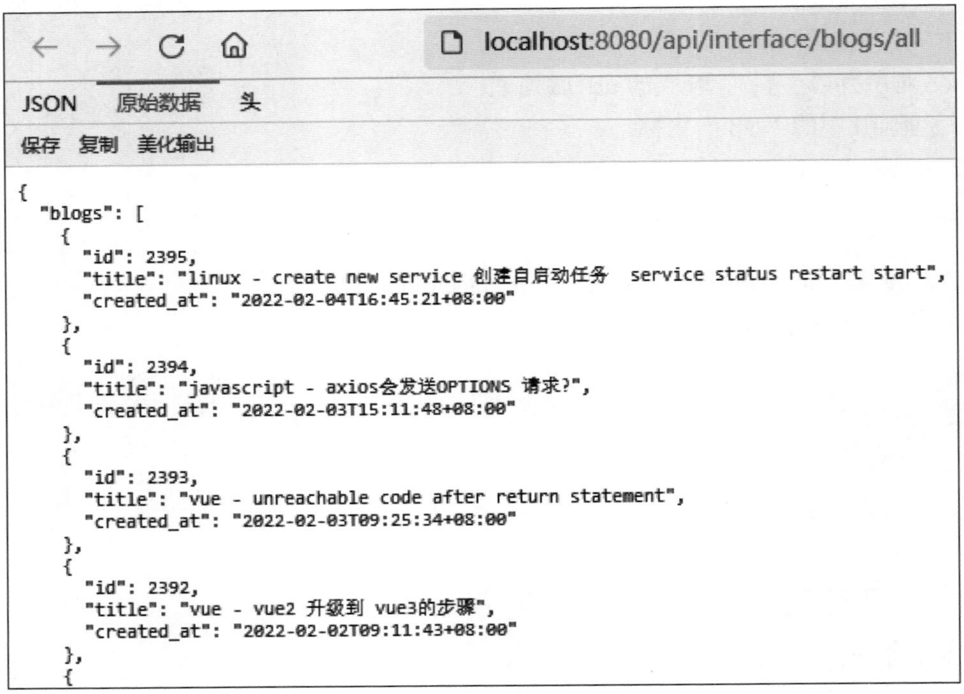

图 4-18 直接用浏览器打开 API 链接

4.6.5 把结果渲染到页面中

在 export 代码段中有以下两个部分。

```
<script>
export default {
  data () { },
  mounted() { }
}
</script>
```

实际上，在上面的代码中：

- data 方法用于"声明页面会出现的变量"，并且赋予初始值。
- mounted 表示页面被 Vue 渲染好之后的钩子方法，会立刻执行。

所以，我们要把发送 HTTP 的请求写到 mounted 方法中（钩子方法还有 created，可以暂且认为 mounted 方法与 created 方法基本一样）。

```
mounted() {
  axios.get('/api/interface/blogs/all').then((response) => {
    console.info(response)
```

```
      this.blogs = response.data.blogs
    }, (response) => {
      console.error(response)
    });
  },
```

在上面的代码中：

- axios.get 是一个方法，可以发起 get 请求，只有一个参数即目标 url。
- then()方法来自 promise，可以把异步请求写成普通的非异步形式。第一个参数是成功后的 callback，第二个参数是失败后的 callback。
- this.blogs = response.data.blogs 中，是把远程返回的结果（JSON）赋予到本地。因为 JavaScript 的语言特性能直接支持 JSON，所以才可以这样写。

然后，我们通过这个代码进行渲染。

```
<tr v-for="blog in blogs">
  <td>
    <router-link :to="{name: 'Blog', query: {id: blog.id}}">
      {{blog.id}}
    </router-link>
  </td>
  <td @click='show_blog(blog.id)'>{{blog.title }}</td>
</tr>
```

在上面的代码中：

- v-for 是一个循环语法，可以把这个元素进行循环（注意：这个叫 directive 指令，需要与标签一起使用）。
- blog in blogs：前面的 blog 是一个临时变量，用于遍历使用；后面的 blogs 是 HTTP 请求成功后，this.blogs = ...变量。同时，this.blogs 声明于 data 钩子方法中。
- {{blog.title}} 用于显示每个 blog.title 的值。

4.6.6 如何发起 POST 请求

与 GET 类似，就是第二个参数是请求的 body。

```
axios.post('api/interface/blogs/all', {title: '', blog_body: ''})
  .then((response) => {
    ...
  }, (response) => {
    ...
```

```
});
```

关于发送 HTTP 请求的更多内容,可查看官方网站:https://github.com/axios/axios。

4.7 不同页面间的参数传递

在普通的 Web 开发中,参数传递有以下几种形式:

- url:比如/another_page?id=3。
- 表单:\<form>...\</form>。

而在 Vue.js 中,不会产生表单的提交(会引起页面的整体刷新),有以下两种:

- url:同传统语言,参数体现在 url 中。
- Vue.js 内部的机制(无法在 url 中体现,可以认为是由 JS 代码隐式实现的)。

我们用一个实际的例子说明:之前实现了"博客列表页",接下来要实现"单击博客列表页中的某一行,就显示博客详情页"。

4.7.1 回顾:现有的接口

我们已经做好了一个接口:文章详情页,其地址为:

```
/interface/blogs/show
```

该接口接收一个参数:id,使用 HTTP GET 请求进行访问。

下面是该接口的一个完整形式:http://siwei.me/interface/blogs/show?id=1244。

返回结果如下:

```
{
    "result":{
        "body":"<p>这个问题很常见,解决办法就是禁止硬件加速...</p>",
        "id":1244,
        "title":"android - 在 view pager 中的 webview,切换时,会闪烁的问题。"这个问题
很常见,解决办法就是禁止硬件加速...</p>
    }
}
```

在浏览器中打开,结果如图 4-19 所示。

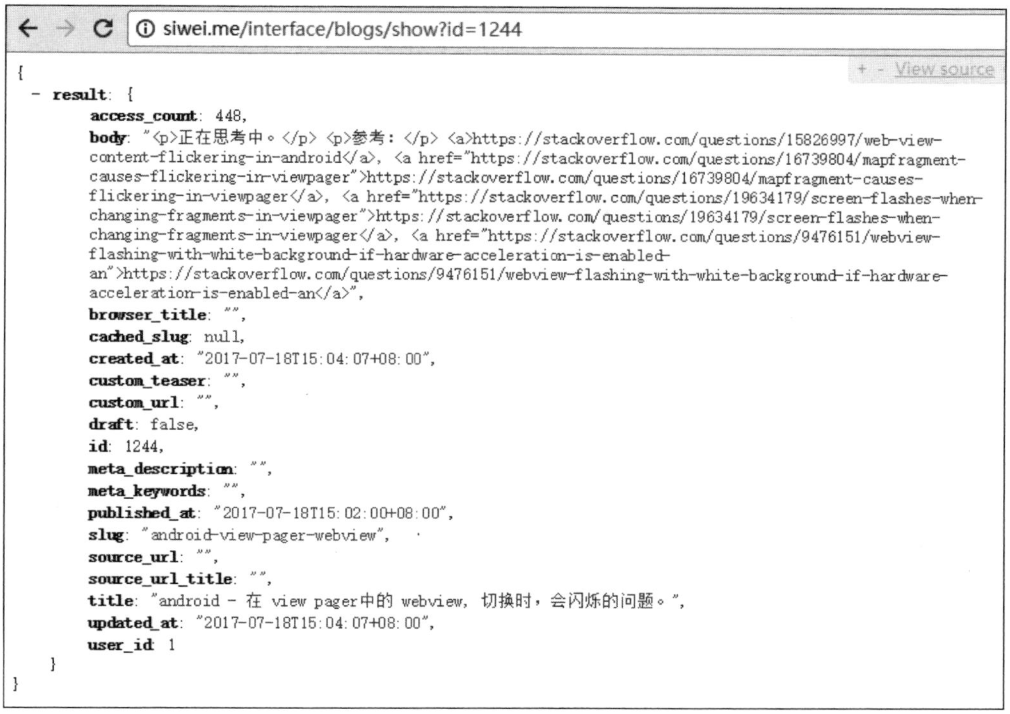


```
{
  - result: {
        access_count: 448,
        body: "<p>正在思考中。</p> <p>参考：</p> <a>https://stackoverflow.com/questions/15826997/web-view-content-flickering-in-android</a>, <a href="https://stackoverflow.com/questions/16739804/mapfragment-causes-flickering-in-viewpager">https://stackoverflow.com/questions/16739804/mapfragment-causes-flickering-in-viewpager</a>, <a href="https://stackoverflow.com/questions/19634179/screen-flashes-when-changing-fragments-in-viewpager">https://stackoverflow.com/questions/19634179/screen-flashes-when-changing-fragments-in-viewpager</a>, <a href="https://stackoverflow.com/questions/9476151/webview-flashing-with-white-background-if-hardware-acceleration-is-enabled-an">https://stackoverflow.com/questions/9476151/webview-flashing-with-white-background-if-hardware-acceleration-is-enabled-an</a>",
        browser_title: "",
        cached_slug: null,
        created_at: "2017-07-18T15:04:07+08:00",
        custom_teaser: "",
        custom_url: "",
        draft: false,
        id: 1244,
        meta_description: "",
        meta_keywords: "",
        published_at: "2017-07-18T15:02:00+08:00",
        slug: "android-view-pager-webview",
        source_url: "",
        source_url_title: "",
        title: "android - 在 view pager中的 webview, 切换时，会闪烁的问题。",
        updated_at: "2017-07-18T15:04:07+08:00",
        user_id: 1
    }
}
```

图 4-19　页面效果

4.7.2　显示博客详情页

（本节对应的源文件为 src/views/Blog.vue）

我们需要新增 Vue 页面 Blog.vue，用于显示博客详情，代码如下：

```
<template>
  <div>
    <my-logo title="博客详情页">
    </my-logo>
    <div>
      <p> 标题： {{ blog.title }} </p>
      <p> 发布于： {{blog.created_at }}</p>
      <div v-html='blog.body'>
      </div>
    </div>
  </div>
</template>


<script>
```

```
import MyLogo from '@/components/Logo.vue'
import CommonHi from '@/mixins/common_hi.js'
const axios = require('axios');

export default {
  data: function () {
    return {
      blog: {}
    }
  },
  mounted() {
    axios.get('/api/interface/blogs/show?id='+this.$route.query.id)
    .then((response) => {
      console.info(response.data)
      this.blog = response.data.result
    }, (response) => {
      console.error(response)
    });
  },
  components: {
    MyLogo
  },
  mixins: [
    CommonHi
  ]
}
</script>
<style>
</style>
```

在上面的代码中：

- data(){ blog: {}}：用于初始化 blog 页面用到的变量。
- {{blog.body}}、{{blog.title}}等：用于显示 blog 相关的信息。
- mounted...：定义了发起 HTTP 的请求。
- this.$route.query.id：获取 url 中的 id 参数，如/my_url?id=333，'333'就是取到的结果。

4.7.3 新增路由

修改 src/router/index.js 文件。添加如下代码：

```js
import Blog from '@/views/Blog'
// ...
const routes = [
  {
    path: '/blog',
    name: 'Blog',
    component: Blog
  }
]
// ...
```

上面的代码就是让 Vue.js 可以对形如 http://localhost:8080//blog 的 url 进行处理。对应的 Vue 文件是 @/views/Blog.vue。

4.7.4 修改博客列表页的跳转方式 1：使用事件

我们需要修改博客列表页，增加跳转事件。修改 src/views/BlogList.vue，代码如下：

```vue
<template>
  ...
    <tr v-for="blog in blogs">
      <td @click='show_blog(blog.id)'></td>
    </tr>
  ...
</template>
<script>
export default {
  methods: {
    show_blog: function(blog_id) {
      this.$router.push({name: 'Blog', query: {id: blog_id}})
    }
  }
}
</script>
```

在上面的代码中：

- <td @click='show_blog(blog.id)'...</td>：表示该<td>标签在被单击时会触发一个事

件 show_blog，并且以当前正在遍历的 blog 对象的 id 作为参数。
- methods: {}：是比较核心的方法，Vue 页面中用到的事件都要写在这里。
- show_blog: function...：就是我们定义的方法。该方法可以通过@click="show_blog"调用。
- this.$router.push({name: 'Blog', params: {id: blog_id}})：this.$router 是 Vue 的内置对象，表示路由。
- this.$router.push：表示让 Vue 跳转，跳转到 name: Blog 对应的 Vue 页面，参数是 id: blog_id。

1. 演示结果

打开"博客列表页"，可以看到对应的文章，然后单击其中一篇文章的标题，就可以打开对应的文章详情页，如图 4-20 所示。

vuejs - mixin的基本用法
android - 在 view pager中的 webview，切换时，会闪烁的问题。
证照 - 如何开具无行贿犯罪记录证明
java - ant的基本用法
java - eclipse的基本用法
java - eclipse 中，启动一个项目之前，要设置好 lib 的各种依赖
java - linux下启动tomcat
rspec 不再输出 警告信息：--deprecation-out temp
android - android studio的最有用快捷键： 补全代码后直接跳到行末：ctrl + shift + enter
rails - 调用oracle存储过程
android - 使用tablayout + view pager 实现 底部tab (bottom tab)
mysql 使用client 命令行的时候，使用utf-8编码
rails - 调用mysql存储过程
mysql - 存储过程的入门
整理贴 - 高德地图的经验心得。
LINUX启动问题：unexpected inconsistency; run fsck manually
Capistrano的视频草稿
各种 新闻网站的举报（撤稿）方式
Oracle 客户端提示: client host name is not set

图 4-20 文章列表

2. 不经过 HTML 转义，直接打印结果

我们发现，HTML 的源代码在页面显示时被转义了，如图 4-21 所示。

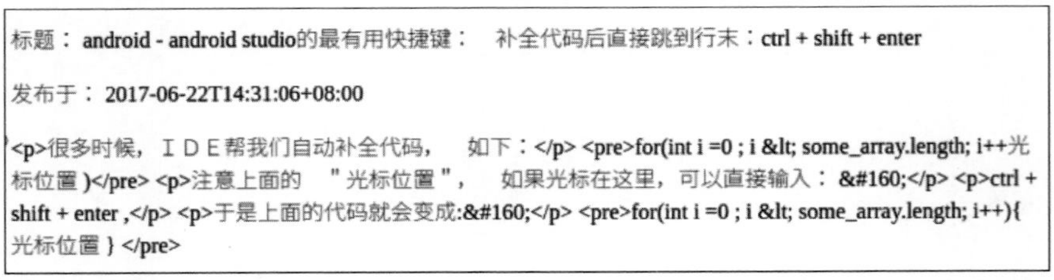

标题：android - android studio的最有用快捷键： 补全代码后直接跳到行末：ctrl + shift + enter

发布于：2017-06-22T14:31:06+08:00

<p>很多时候，ＩＤＥ帮我们自动补全代码， 如下：</p> <pre>for(int i =0 ; i &lt; some_array.length; i++光标位置)</pre> <p>注意上面的 "光标位置"， 如果光标在这里，可以直接输入： </p> <p>ctrl + shift + enter ,</p> <p>于是上面的代码就会变成: </p> <pre>for(int i =0 ; i &lt; some_array.length; i++){ 光标位置 } </pre>

图 4-21 HTML 源代码被转义

所以，我们把它修改一下，即不转义。

```
<template>
   ...
      <div v-html='blog.body'>
      </div>
   ...
</template>
```

上面的 v-html 就表示不转义。页面效果如图 4-22 所示。

图 4-22　页面效果

4.7.5　修改博客列表页的跳转方式 2：使用 v-link

使用<router-link>比起使用<a href="...">效果要好。

因为无论是 HTML5 history 模式还是 hash 模式，其表现行为一致，所以当要切换路由模式，或者在 IE9 降级使用 hash 模式时，无须做任何变动。

在 HTML5 history 模式下，router-link 会拦截单击事件，让浏览器不再重新加载页面。

比如下面的代码：

```
<td>
  <router-link :to="{name: 'Blog', query: {id: blog.id}}">
    {{blog.id}}
```

```
    </router-link>
</td>
```

等同于如下 HTML：

```
<a href="/blog?id=1239" class="">
    1239
</a>
```

感兴趣的读者，可以查看 https://router.vuejs.org/zh/api/ 链接。

4.8 路 由

路由是所有前端框架中必须具备的元素，其定义了对于哪个 url（页面）应该由哪个文件来处理。

在 Vue.js 中，路由专门独立成为了一个项目：vue-router。

4.8.1 基本用法

每个 Vue 页面都要对应一个路由。例如，我们要做一个"博客列表页"就需要具备以下两个条件：

- Vue 文件，如 src/views/books.vue 负责展示页面。
- 路由代码，让 /books 与上面的 Vue 文件对应。

下面的代码就是一个完整的路由文件。

```
import { createRouter, createWebHistory } from 'vue-router'
import Index from '@/views/Index'
import Hello from '@/views/Hello'
//...
const routes = [
  {
    path: '/',
    name: 'Index',
    component: Index
  }
]
const router = createRouter({
```

```
  history: createWebHistory(process.env.BASE_URL),
  routes
})
export default router
```

其中：

- path：定义了链接地址，如/say_hi。
- name：表示为这个路由加名字，方便以后引用，如 this.$router.push({name: 'SayHi'})。
- component：表示该路由由哪个组件来处理。

4.8.2 跳转到某个路由时带上参数

有路由就会有参数，下面来看一下路由是如何处理参数的。

1. 对于普通的参数

例如：

```
routes: [
  {
    path: '/blog',
    name: 'Blog'
  },
]
```

在视图中，我们这样做：

```
<router-link :to="{name: 'Blog', query:{id: 3} }">User</router-link>
```

当用户单击这个代码生成的 HTML 页面时，就会触发跳转。

在<script/>中也可以这样做：

```
this.$router.push({name: 'Blog', query: {id: 3}})
```

都会跳转到/blog?id=3。

2. 对于在路由中声明的参数

例如：

```
routes: [
  {
    path: '/blog/:id',
    name: 'Blog'
```

```
  },
]
```

在视图中,我们这样做:

```
<router-link :to="{name: 'Blog', params: {id: 3} }">User</router-link>
```

在 Script 中也可以这样做:

```
this.$router.push({name: 'Blog', params: {id: 3}})
```

都会跳转到/blog/3。

4.8.3 根据路由获取参数

在 Vue 的路由中,获取参数有两种方式:query 和 params。

1. 获取普通参数

对于/blogs?id=3 中的参数,可以这样获取:

```
this.$route.query.id           // 返回结果 3
```

2. 获取路由中定义好的参数

对于/blogs/3 这样的参数,可以对应的路由应该是:

```
routes: [
  {
    path: '/blogs/:id',      // 注意这里的 :id
    ...
  },
]
```

这个 named path 就可以通过下面的代码来获取 id。

```
this.$route.params.id          // 返回结果 3
```

4.9 使用样式

样式用起来特别简单,直接写到<style>段落里面即可。代码如下:

```
<template>
  <div class='hi'>
```

```
    Hi Vue!
  </div>
</template>

<script>
export default {
  data () {
    return { }
  }
}
</script>

<style>
.hi {
  color: red;
  font-size: 20px;
}
</style>
```

使用浏览器打开上述代码，就可以看到一个红色的、字体大小为 20px 的 Hi Vue!，如图 4-23 所示。

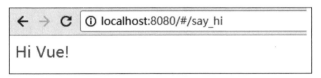

图 4-23　页面效果

1. 作用于全局的 CSS 样式

```
<style >
td {
  border-bottom: 1px solid grey;
}
</style>
```

2. 作用当前 Vue 页面的 CSS 样式

```
<style scoped>   /* 注意这里的 scoped */
td {
```

```
  border-bottom: 1px solid grey;
}
</style>
```

这段 CSS 只对当前的 .vue 页面适用。

也就是说，当我们有两个不同的页面（page1 和 page2）时，如果两个页面中都定义了某个样式（如上面的 td），是不会互相冲突的。

因为 Vue.js 会这样解析：

page1 的 DOM：

```
<div data-v-7cfd41e ... ></div>
```

page2 的 DOM：

```
<div data-v-3389dfw ... ></div>
```

因此，使用的属于某个组件的样式（scoped style）就可以存在于不同的页面上了。

4.10 双向绑定

（本节对应的源文件为 src/views/TwoWayBinding.vue）

现在，双向绑定的概念越来越普及，这个概念非常重要。

在 Angular 出现的时候，双向绑定就作为宣传的王牌概念，现在几乎每个 JS 前端框架都有该功能。它的概念是：如果某个变量定义于 <script/>，并需要展现在 <template/> 中的话：

- 如果在代码层面进行修改，页面的值就会发生变化。
- 如果在页面进行修改（如在 input 标签中），代码的值就会发生变化。

在我们的项目中，增加 src/views/TwoWayBinding.vue 页面代码如下：

```
<template>
  <div>
    <!-- 显示 this.my_value 这个变量 -->
    <p>页面上的值： {{my_value}} </p>

    <p> 通过视图层，修改 my_value: </p>
    <input v-model="my_value" style='width: 400px'/>


    <hr/>
    <input type='button' @click="change_my_value_by_code()" value='通过控制代码修
```

```
改 my_value'/>
    <hr/>
    <input type='button' @click="show_my_value()" value='显示代码中的my_value'/>
  </div>
</template>

<script>
export default {
  data () {
    return {
      my_value: '默认值',
    }
  },
  methods: {
    show_my_value: function(){
      alert('my_value: ' + this.my_value);
    },
    change_my_value_by_code: function(){
      this.my_value += ", 在代码中做修改, 666."
    }
  }
}
</script>
```

在上面的代码中显示定义了一个变量：my_value，该变量可以在 <script/> 中访问和修改，也可以在<template/>中访问和修改。

- 在代码（<script/>）中访问，就是 this.my_value。
- 在视图（<template/>）中访问，就是<input v-model=my_value />。

这个就是双向绑定的方法。

接下来，修改路由文件: src/router/index.js。

```
import TwoWayBinding from '@/views/TwoWayBinding'
//...
  routes: [
    {
      path: '/two_way_binding',
```

```
    name: 'TwoWayBinding',
    component: TwoWayBinding
  }
]
//...
```

然后可以使用浏览器访问路径：http://localhost:8080/two_way_binding。

（1）效果 1：通过页面的表单输入，可以看到，一旦表单有输入，代码中的 my_value 发生改变，视图中的 my_value 就发生变化，如图 4-24 所示。

图 4-24　效果 1

（2）效果 2：通过代码层面的改动影响页面的值，如图 4-25 所示。

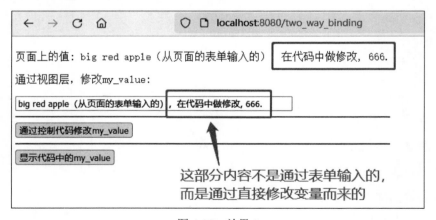

图 4-25　效果 2

这个特性是 Vue.js 自带的，初学者不需要刻意学习，只需要知道它可以达到这个目就可以了。读者以后会发现，这种思想和现象在 Vue.js 等前端框架中特别常用，目前已经是构建一个框架的必备能力。

4.11 表单项目的绑定

（本节对应的源文件为 src/views/FormInput.vue）

所有的表单项，无论是<input/>还是<textarea/>，基本上都需要使用 v-model 来绑定。

1. 表单项 input、textarea、select 等

使用 v-model 来绑定输入项：

```
<input v-model="my_value" style='width: 400px'/>
```

可以在代码中获取到 this.my_value 的值。

2. 表单项的完整例子

```
<template>
  <div>
    input: <input type='text' v-model="input_value"/>,
    输入的值: {{input_value}}
    <hr/>
    text area: <textarea v-model="textarea_value"></textarea>,
    输入的值: {{textarea_value}}
    <hr/>
    radio:
    <input type='radio' v-model='radio_value' value='A'/> A,
    <input type='radio' v-model='radio_value' value='B'/> B,
    <input type='radio' v-model='radio_value' value='C'/> C,
    输入的值:
    {{radio_value}}
    <hr/>
    checkbox:
    <input type='checkbox' v-model='checkbox_value'
      v-bind:true-value='true'
      v-bind:false-value='false'
      /> ,
    输入的值:
    {{checkbox_value}}
    <hr/>
    select:
```

```
    <select v-model='select_value'>
      <option v-for="e in options" v-bind:value="e.value">
        {{e.text}}
      </option>
    </select>
    输入的值：{{select_value}}

  </div>
</template>

<script>
export default {
  data () {
    return {
      input_value: '',
      textarea_value: '',
      radio_value: '',
      checkbox_value: '',
      select_value: 'C',
      options: [
        {
          text: '红烧肉', value: 'A'
        },
        {
          text: '囊包肉', value: 'B'
        },
        {
          text: '水煮鱼', value: 'C'
        }
      ]
    }
  },
  methods: {
  }
}
</script>
```

对于 select 的 option，使用 v-bind:value 来绑定 option 的值，效果如图 4-26 所示。

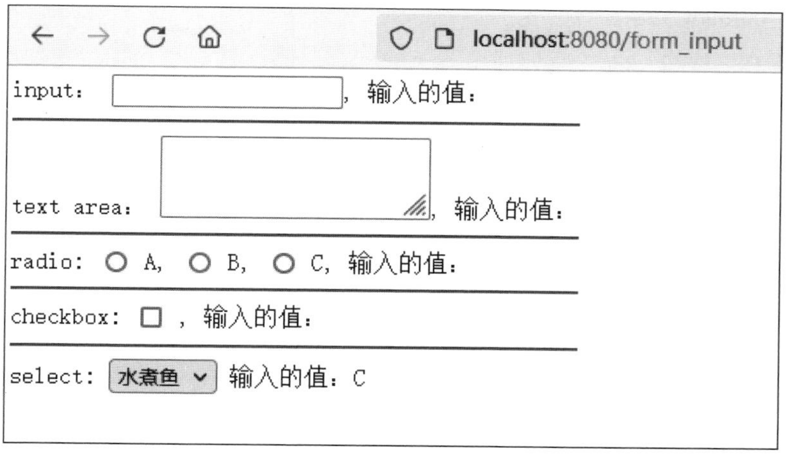

图 4-26　页面效果

3. Modifiers（后缀词）

（1）.lazy

在用户对某个文本框做输入的时候，文本框中的值不会随着用户按下的每一个键立刻发生变化，而是等到焦点彻底离开文本框后（触发 blur() 事件后）触发视图中值的变化。使用方式如下：

```
<input type='text' v-model.lazy="input_value"/>
```

这个可以用在某些需要等待用户输入完字符串再需要给出反映的情况，如"搜索"。

（2）.number

强制要求输入数字。使用方式如下：

```
<input type='text' v-model.lazy="input_value" type="number"/>
```

（3）.trim

强制对输入的值去掉前后的空格。使用方式如下：

```
<input type='text' v-model.trim="input_value" />
```

4.12　表单的提交

（本节对应的源文件为 src/views/FormSubmit.vue）

在任何 Single Page App 中，JS 代码都不会产生传统意义的 form 表单提交（这会引起整个页面的刷新），都是用事件来实现（桌面开发思维）。

例如，远程服务器有一个接口，可以接受别人的留言：

- url：http://siwei.me/interface/blogs/add_comment。
- 参数：content（留言的内容）。
- 请求方式：POST。
- 返回结果的例子如下：

```
{"result":"ok","content":"(留言的内容)"}
```

例如，下面的代码就是把输入的表单提交到后台。

新增加一个/src/views/FormSubmit.vue 文件，内容如下：

```
<template>
  <div>
    <textarea v-model='content'>
    </textarea>
    <br/>
    <input type='button' @click='submit' value='留言'/>
  </div>
</template>
<script>
const axios = require('axios');

export default {
  data () {
    return {
      content: ''
    }
  },
  methods: {
    submit: function(){
      axios.post('/api/interface/blogs/add_comment',
        {
          content: this.content
        }
      )
      .then((response) => {
          alert("提交成功!，刚才提交的内容是：" + response.data.content)
        },
        (response) => {
          alert("出错了")
        }
```

```
      )
    }
  }
}
</script>
```

从上面的代码中可以看到：

（1）下面的代码是待输入的表单项。

```
<textarea v-model='content'>
</textarea>
```

（2）下面的代码则是按钮被单击后触发提交表单的函数 submit。

```
<input type='button' @click='submit' value='留言'/>
```

（3）下面的代码定义了提交表单的函数 submit。

```
submit: function(){
  axios.post('/api/interface/blogs/add_comment',
    {
      content: this.content
    }
  )
  .then((response) => {
    alert("提交成功！， 刚才提交的内容是： " + response.data.content)
  },
  (response) => {
    alert("出错了")
  }
  )
}
```

- axios.post 表示发起的 HTTP 类型是 POST。
- post 函数的第一个参数是 url，第二个参数是 json，{content: this.content}代表要提交的数据。
- then 函数的处理同 HTTP GET 请求。

接下来，修改路由 src/router/index.js 文件，增加内容如下：

```
import FormSubmit from '@/views/FormSubmit'

//...
```

```
routes: [
  {
    path: '/form_submit',
    name: 'FormSubmit',
    component: FormSubmit
  }
]
//...
```

访问 url: http://localhost:8080/form_submit，输入一段字符串，如图 4-27 所示。

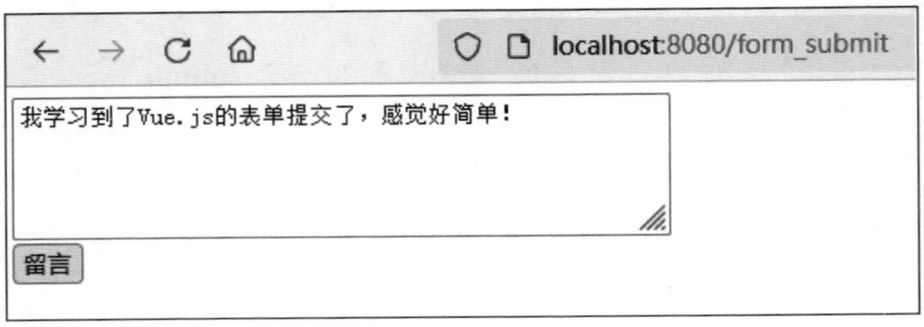

图 4-27 输入一段字符串（此时尚未提交）

单击"留言"按钮就可以看到，内容已经提交，并且得到了返回的 response，触发了 alert，如图 4-28 所示。

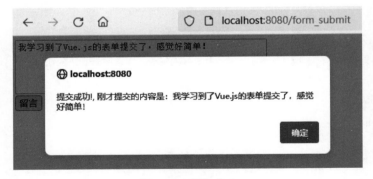

图 4-28 提交成功

查看一下返回的 JSON（刚好与上面结果的中文相对应）：

```
{"result":"ok","content":"\u6211\u5b66\u4e60\u5230\u4e86Vue.js\u7684\u8868\u53
55\u63d0\u4ea4\u4e86\uff0c\u611f\u89c9\u597d\u7b80\u5355\uff01"}
```

至此，完成了一个完整的输入表单、提交表单的过程。

4.13　Component 组件

组件是 Vue.js 中最重要的部分之一，学好组件知识需要一定的时间投入。在 Webpack 项目中，每一个页面文件（.vue）都可以认为是一个组件。

 这里的内容，与官方文档中的"原始组件"不一样。本章的内容，仅用于 Webpack 项目中的组件，官方网站中对应的文档是单文件组件。

4.13.1　如何查看文档

先快速查看官方文档中关于"原始组件"的页面：https://v3.cn.vuejs.org/guide/component-basics.html，对所有的概念有所了解，因为这个"原始组件"的开发环境与 Webpack 下项目的开发环境不太一样，所以很多以 Webpack 作为入门的读者（如本书读者）会感到迷茫。

研究一下"单文件组件（SFC）"：https://v3.cn.vuejs.org/guide/single-file-component.html，就可以对 Webpack 项目下的组件有清晰的认识。

"原始组件"的页面文章中包括很多 API 级别的概念和解释，还是很重要的，读者应当具备阅读这个文档的能力。

4.13.2　Component 的重要作用：重用代码

我们可以想象一个场景：有两个页面，每个页面的头部都有一幅 Logo 图片。如果每次都写成原始 HTML 的话，代码就会部分重复。页面 1 的代码如下：

```
<div class='logo'>
  <img src='http://files.sweetysoft.com/image/570/siwei.me_header.png'/>
</div>
<!-- 页面 1 的其他代码 -->
```

页面 2 的代码如下：

```
<div class='logo'>
  <img src='http://files.sweetysoft.com/image/570/siwei.me_header.png'/>
</div>
<!-- 页面 2 的其他代码 -->
```

因此，我们应该把这段代码抽取出来成为一个新的组件。

4.13.3 组件的创建

新建一个 src/components/Logo.vue 文件。

```
<template>
  <div class='logo'>
    <img src='http://files.sweetysoft.com/image/570/siwei.me_header.png'/>
  </div>
</template>
```

该文件中定义了一个比较简单的 Component。然后修改对应的页面：

```
<template>
  <div >
    <my-logo>
    </my-logo>
      ...
  </div>
</template>

<script>
import MyLogo from '@/components/Logo'

export default {
    ...
  components: {
    MyLogo
  }
}
```

上面代码中的 components: { MyLogo } 必须是这个写法，等同于：

```
components: {
  // 前面的 MyLogo 是 template 中的名字，后面的 MyLogo 是 import 进来的代码
  MyLogo: MyLogo
}
```

虽然上面代码中定义的组件名字为 MyLogo，但是在<template/>中使用时需要写为<my-logo></my-logo>。

保存代码并刷新一次，发现两个页面都发生了变化，如图 4-29 所示。

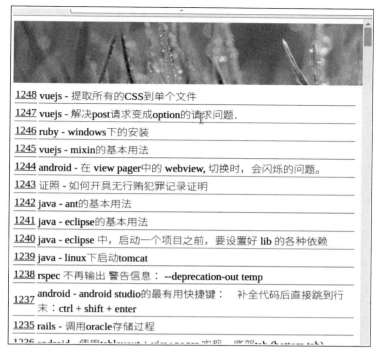

图 4-29　两个页面都发生了变化

4.13.4　向组件中传递参数

如果希望两个页面中都有一个变量 title，内容却不同，这时就需要向 component 传递参数了。

声明组件时，需要修改 src/components/Logo.vue 文件：

```
<template>
  <div class='logo'>
    <h1></h1>
    ...
  </div>
</template>


<script>
export default {
  props: ['title']    // 加上这个声明
}
</script>
```

可以看到，在上面的代码中增加了以下几行代码：

```
export default {
  props: ['title']
}
```

上面的代码表示为该 Component 增加了一个 Property（属性），属性的名字为 title。

1. 组件接收字符串作为参数

在调用时传递字符串就可以了：

```
<my-logo title="博客列表页">
</my-logo>
```

2. 组件接收变量作为参数

如果要传递的参数是一个变量，就可以这样写：

```
<template>
    <my-logo :title="title">
    </my-logo>
    <input type='button' @click='change_title' value='单击修改标题'/><br/>
</template>

<script>
export default {
  data: function() {
    return {
      title: '博客列表页',
    }
  },
  methods: {
    change_title: function(){
      this.title = '好多文章(标题被代码修改过了)'
    }
  },
}
</script>
```

结果如图 4-30 所示。

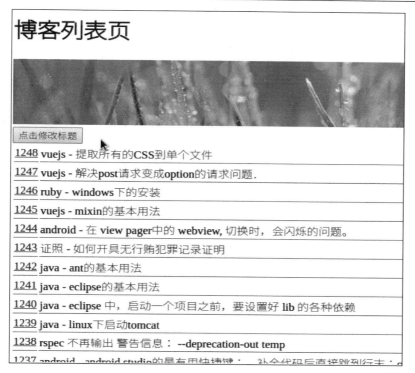

图 4-30　标题已被修改

4.13.5　在原生 Vue.js 中创建 Component

（本节对应的源文件为 public/with_external_link_component.html）

在原生 Vue.js 中创建 Component 的过程非常简单。代码如下：

```
<html>
<head>
  <script src="https://cdn.jsdelivr.net/npm/vue@3.2.2"></script>
</head>
<body>
  <div id='app'>
    <!-- 这里的标签对应于 step2 -->
    <study-process></study-process>
  </div>
  <script>
    // step1 先创建一个空的 Vue 实例
    const app = Vue.createApp({})
    // step2 然后通过 .component 方法来创建一个组件
    app.component('study-process', {
```

```
    data() {
      return {
        count: 0
      }
    },
    template: '<button v-on:click="count++">我学习到了第{{count}}章.</button>'
  })
  // step3 最后该页面生效。
  app.mount('#app')
</script>
</body>
</html>
```

该代码声明了一个 Component：

```
app.component('study-process', {
  data() {
    return {
      count: 0
    }
  },
  template: '<button v-on:click="count++">我学习到了第{{count}}章.</button>'
})
```

可以看出，该 Component 定义了一个 data 代码段，其中有一个 count 变量，然后定义一个 template 段落即可。

第 5 章

运维和发布 Vue.js 项目

一般传统公司喜欢一个人只负责一项工作，比如在生产流水线上，一个工人只负责拧螺丝，另一个工人只负责喷漆。很多软件公司也是这样，有人专门负责编写代码，有人专门负责运维。但是这样的弊端是：出了问题，程序员接触不到服务器，不知道问题出在哪里，运维可以接触服务器，却看不懂代码，也没有办法解决问题。所以传统公司往往怕出问题，因为解决起来特别慢。

现在，越来越多的人意识到，让程序员懂得运维知识特别重要。最好的运维就是程序员自己。在 2011 年，国外就开始流行一个词汇：DevOps（Developer + Operations），也叫作敏捷运维，是对既懂编程又懂运维的人的称呼。

我们要有追求，做一个会运维的编程高手，做一个 DevOps。

5.1 打包和部署

我们平时都是在本地做开发，每次打开的都是 http://localhost:8080/，而在真实的项目中，需要把项目部署到某个地方，对项目进行打包和编译。

另外，在产品正式上线之前，也要在测试服务器上进行发布，这样才能发现一些平时在 localhost 上看不到的问题。

5.1.1 打 包

直接使用下面的命令就可以把 Vue 项目打包。

```
$ npm run build
```

该命令的运行过程如下：

```
> vue3_demo@0.1.0 build C:\files\vue3_lesson_demo
> vue-cli-service build


-  Building for production...

DONE  Compiled successfully in 9804ms                    下午3:24:10

  File                                Size              Gzipped

  dist\js\chunk-vendors.be593e2d.js   154.74 KiB        55.02 KiB
  dist\js\app.60e44eee.js             30.67 KiB         7.76 KiB
  dist\css\app.a266f6cc.css           0.31 KiB          0.21 KiB

  Images and other types of assets omitted.

 DONE  Build complete. The dist directory is ready to be deployed.
 INFO  Check out deployment instructions at
https://cli.vuejs.org/guide/deployment.html
```

可以看到：

（1）生成了 3 个文件：chunk-versions.js、app.js、app.css。

（2）对 JS、CSS 文件都进行了压缩（Gzip）。

（3）public 目录下的文件都复制到了 dist 目录下。

```
$ find ./dist
./css
./css/app.a266f6cc.css
./js
./js/app.60e44eee.js
./js/app.60e44eee.js.map
./js/chunk-vendors.be593e2d.js
./js/chunk-vendors.be593e2d.js.map
./favicon.ico
./index.html
（其他若干.html 文件）
```

其中包括 js、css、map 和 index.html。

我们需要将其放到 HTTP 服务器上，如 Nginx、Apache。

5.1.2 部署

1. 上传代码到远程服务器

使用 scp 或 ftp 的方式，可以把代码上传到服务器（Windows 环境需要下载 putty 等软件）。假设服务器是 Linux（Ubuntu 14）：

- 路径是/opt/app/test_vue。
- 服务器 IP 是 123.255.255.33。
- 服务器 ssh 端口是 6666。
- 服务器用户名是 root。

```
$ scp -P 6666 -r dist root@123.255.255.33:/opt/app

app.a266f6cc.css                100%    314       2.7KB/s    00:00
app.60e44eee.js                 100%    31KB      231.0KB/s  00:00
app.60e44eee.js.map             100%    74KB      572.9KB/s  00:00
chunk-vendors.be593e2d.js       100%    155KB     1.1MB/s    00:00
chunk-vendors.be593e2d.js.map   100%    1043KB    3.3MB/s    00:00
favicon.ico                     100%    4286      54.3KB/s   00:00
index.html                      100%    769       10.4KB/s   00:00
```

这样就把本地的 dist 目录，上传到了远程的/opt/app 目录上。

2. 配置远程服务器

（1）登录远程服务器。

```
$ ssh root@123.255.255.23 -p 6666
(输入密码，按回车)

Welcome to Ubuntu 14.04.4 LTS (GNU/Linux 3.13.0-86-generic x86_64)

root@my_server:~#
```

（2）把刚才上传的文件夹重命名为 vue_demo。

```
# mv /opt/app/dist /opt/app/vue_demo
```

（3）配置 Nginx，使域名：vue_demo.siwei.me 指向该位置。把下面的代码加入到 Nginx 的配置文件中（/etc/nginx/nginx.conf）：

```
server {
    listen          80;
    server_name     vue_demo.siwei.me;
    client_max_body_size        500m;
    charset utf-8;
    root /opt/app/vue_demo;
}
```

（4）重启 Nginx 之前测试一下刚才加入的代码是否有问题。

```
# nginx -t
nginx: the configuration file /etc/nginx/nginx.conf syntax is ok
nginx: configuration file /etc/nginx/nginx.conf test is successful
```

（5）可以看到代码没问题，然后重启 Nginx。

```
# nginx -s stop
# nginx
```

3. 修改域名配置

Nginx 运行之后，接下来就是配置域名，否则无法访问。我们需要增加一个二级域名：vue_demo.siwei.me。

不同的域名服务商提供的操作界面也不一样，根本思路就是增加 A 地址。笔者的域名服务商是 dnspod，登录后，可以看到笔者的域名列表，如图 5-1 所示的域名为 siwei.me 的记录管理页面。

图 5-1　域名为 siwei.me 的记录管理页面

单击"添加记录"按钮，就可以看到该域名的编辑页面，如图 5-2 所示，在页面上增加 vue_demo 二级域名的 A 记录。

图 5-2　增加 vue_demo 二级域名的 A 记录

输入对应的二级域名（vue_demo），选择记录类型为 A，记录值为 siwei.me 的主机 IP 地址，然后单击"保存"按钮。再回到命令行，输入 ping 命令。

```
$ ping vue_demo.siwei.me
PING vue_demo.siwei.me (123.57.235.33) 56(84) bytes of data.
64 bytes from 123.57.235.33: icmp_seq=1 ttl=54 time=5.79 ms
64 bytes from 123.57.235.33: icmp_seq=2 ttl=54 time=6.38 ms
64 bytes from 123.57.235.33: icmp_seq=3 ttl=54 time=9.25 ms
```

上面的结果说明二级域名 vue_demo.siwei.me 已经可以正常指向到服务器 123.57.235.33（这个就是我们本次 Demo 的后端服务器 IP 地址）了。

4．完成部署

打开浏览器，访问 http://vue_demo.siwei.me 就可以看到结果了，如图 5-3 所示。

图 5-3　项目可以通过 vue_demo.siwei.me 访问

5.2　解决域名问题与跨域问题

我们在部署 Demo 之后会发现 Vue.js 遇到 JS 的经典问题：远程服务器地址不对，或者跨域问题。还是以本书 4.6 节"发送 HTTP 请求"中的"显示博客的列表"为例。

真正的后台接口是 http://siwei.me/interface/blogs/all，如图 5-4 所示。

图 5-4 后台接口

5.2.1 域名 404 问题

（1）使用浏览器打开 http://vue_demo.siwei.me/blogs 页面，提示页面出错，如图 5-5 所示。

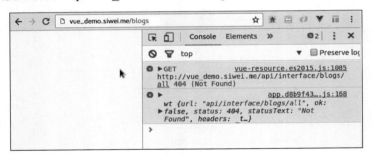

图 5-5 页面出错

（2）可以看到出错的原因是 404，打开 http://vue_demo.siwei.me/api/interface/blogs/all 页面，如图 5-6 所示，接口地址返回 404 错误。

图 5-6 接口地址返回 404 错误

（3）这个问题是由于源代码中访问/interface/blogs/all 接口引起的。

在文件 src/views/BlogList.vue 中的第 42 行，定义了远程访问的 url，如图 5-7 所示。

```
axios.get('/api/interface/blogs/all')...
```

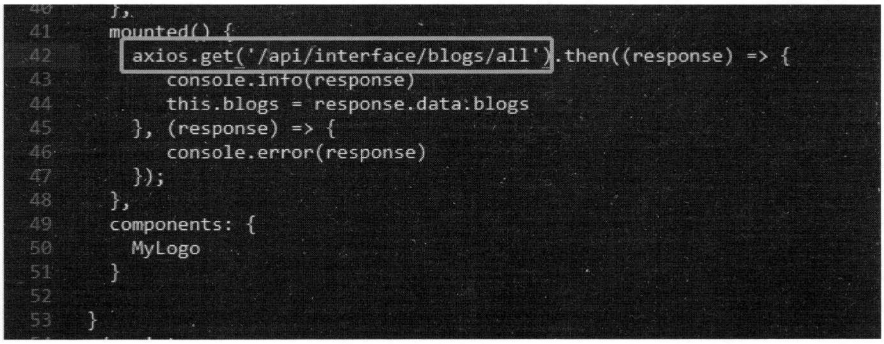

图 5-7　远程访问 url

这是因为在开发时，Vue.js 会通过 $npm run serve 命令来运行"本地开发服务器"。这个服务器中有一个代理，可以把所有的以 '/api' 开头的请求，如：

```
localhost:8080/api/interface/blogs/all
```

转发到：

```
siwei.me/interface/blogs/all
```

"本地开发服务器"的配置如下：

```
proxyTable: {
  '/api': {
    target: 'http://siwei.me',
    changeOrigin: true,
    pathRewrite: {
      '^/api': ''
    }
  }
},
```

所以，在开发环境下一切正常，但是在生产环境中发起请求时，就不存在"代理服务器"和"开发服务器"（Dev Server）了，因此会出错。

5.2.2　跨域问题

跨域是 JS 的经典问题。比如，有的读者在解决上面的问题时会问：我们直接把图 5-7 中第 42 行代码：

```
axios.get('/api/interface/blogs/all')
```

改成：

```
axios.get('http://siwei.me/interface/blogs/all')
```

不就可以了吗？答案是否定的。

动手试一下就会发现，如果 vue_demo.siwei.me 直接访问 siwei.me 域名下的资源，就会报错。因为它们是两个不同的域名。

代码如下所示：

```
axios.get('http://siwei.me/api/interface/blogs/all')...
```

就会得到报错：

```
XMLHttpRequest cannot load http://siwei.me/api/interface/blogs/all.
No 'Access-Control-Allow-Origin' header is present on the requested resource.
Origin 'http://vue_demo.siwei.me' is therefore not allowed access.
```

如图 5-8 所示为跨域问题的报错信息。

图 5-8　跨域问题的报错信息

5.2.3　解决域名问题和跨域问题

其实，上面提到的两个问题的根源都是一个，也就是说解决办法是相同的。

（1）在代码端，处理方式不变，访问/api+原接口 url（无变化）：

```
axios.get('/api/interface/blogs/all')...
```

（2）在开发时继续保持 Vue.js 的代理存在。配置代码如下（无变化）：

```
proxyTable: {
  '/api': {
    target: 'http://siwei.me',
    changeOrigin: true,
    pathRewrite: {
      '^/api': ''
    }
  }
```

```
  }
},
```

（3）在 Nginx 的配置文件中加入代理（详细说明参见代码中的注释，这个是新增的）：

```
server {
  listen          80;
  server_name     vue_demo.siwei.me;
  client_max_body_size      500m;
  charset utf-8;
  root /opt/app/vue_demo;

  # 第一步，把所有的 mysite.com/api/interface 转换成 mysite.com/interface
  location /api {
    rewrite ^(.*)\/api(.*)$  $1$2;
  }

  # 第二步，把所有的 mysite.com/interface 的请求转发到 siwei.me/interface
  location /interface {
    proxy_pass http://siwei.me;
  }
}
```

上面的配置把 http://vue_demo.siwei.me/api/interface/blogs/all 在服务器端的 Nginx 中做了变换，相当于访问了 http://siwei.me/interface/blogs/all。

重启 Nginx，就会发现已经生效了。恢复正常的文章列表页如图 5-9 所示。

图 5-9　恢复正常的文章列表页

5.2.4 解决 HTML5 路由模式下的刷新后 404 的问题

Vue.js 有两种路由模式：

- hash 模式：例如 http://somesite.com/#/hello（url 中带有#）。
- HTML5 模式：例如 http://somesite.com/hello（看起来很正常）。

在 HTML5 模式下，如果我们不先访问'/'根路径，直接访问'/hello'的话，生产环境中，Nginx 会直接查找 hello.html 这个文件。此时，由于 Vue.js 项目中不存在这个 hello.html 文件，所以 Nginx 就会返回 404 not found 错误。

解决办法很简单，就是当 Nginx 找不到的时候，使用 try_files 来解决，该指令的作用：如果对应的 url 无法解析，则"尝试使用某 url"。Nginx 配置代码如下：

```
location / {
  try_files $uri $uri/ /index.html;
}
```

下面是一个完整的 Nginx 配置文件（来自于 http://vue3_demo.sweetysoft.com 服务器上的配置）：

```
server {
    listen       80;
    server_name  vue3_demo.sweetysoft.com;
    client_max_body_size       500m;
    charset utf-8;
    location / {
      root /opt/app/vue3_demo.sweetysoft.com/current;
      try_files $uri $uri/ /index.html;
    }
    location /interface {
      proxy_pass       http://siwei.me;
    }
    location /api {
      rewrite   ^(.*)\/api(.*)$    $1$2;
    }
}
```

5.3 如何 Debug

浏览器环境下的 JavaScript，实际上有以下两个天生的缺陷：

- 不严谨。不同浏览器的 JS 实现上会略有不同，这个问题在 Android、iOS 上也是一样的。
- 不是严格意义上的计算机编程语言，有语法漏洞，如 "=="。

因此，我们要想驾驭好 JavaScript 语言，就要知道如何有效地 Debug。

5.3.1 时刻留意本地开发服务器

开发时的命令如下：

```
$ npm run serve
```

会开启"本地开发服务器"，要时刻留意该服务器的后台输出。有时候我们把代码编写错了，导致 Vue.js 无法编译，浏览器页面就会一片空白，并且没有任何出错提示。

其实浏览器页面的一片空白，是由于 Vue.js 的代码无法运行导致的。此时服务器会报错，如图 5-10 所示为 Vue.js 本地开发服务器报错。

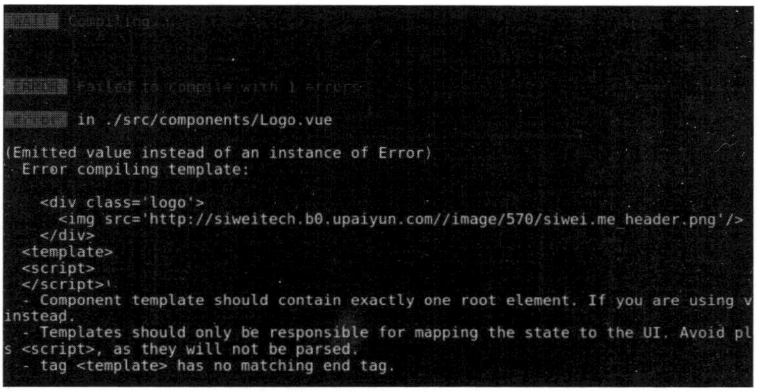

图 5-10 Vue.js 本地开发服务器报错

上面的错误提示很好理解，提示"编译时出现错误"，并给出了错误的详细位置。

5.3.2 看 Developer Tools 提出的日志

无论是 Chrome、Safari 还是 Firefox，几乎所有 PC 浏览器都带有 developer tools 功能。任何时候页面空白了都要首先查看它，而不是问别人"页面怎么不动了？"

由于 JS 代码不是特别严谨，因此给出的错误提示也都很概括。我们可以做个对比：

- JSP 错误可以精确到某行。
- PHP 错误可以精确到某行。
- Rails 错误可以精确到某行。
- Vue.js、Angular、Titanium 等 JS 框架错误可以精确到某个文件。

这是由于所有的 JS 框架的表现层都是"框架怪胎"，是一种妥协于 JavaScript 语言环境的代码，出了问题很难定位到最底层的根源。而 JSP、PHP、Rails 则是"正常框架"，出了问题可以直接找到最底层。

因此我们要有一定的 Debug 经验，来理解错误日志。如图 5-11 所示为 Vue.js 框架报错信息。

图 5-11 Vue.js 框架报错信息

上面截图的文字版如下：

```
vue.esm.js?65d7:434 [Vue warn]: Property or method "博客详情页" is not defined
on
the instance but referenced during render. Make sure to declare reactive data
properties in the data option.

found in

---> <Blog> at /workspace/test_vue_0613/src/views/Blog.vue
      <App> at /workspace/test_vue_0613/src/App.vue
         <Root>
```

- vue.esm.js?65d7:434：表示错误的来源。这个文件一般人不知道来自哪里，我们暂且认为它来自临时产生的文件或虚拟 JS 机。
- Property or method "博客详情页" is not defined ...：这句话提示了错误的原因。
- found in ... <Blog> at ...：这里则是调用栈，可以看出文件是从下调用到最上面的，问题出在最上面的文件，但是并没有给出错误的行数。

5.3.3 查看页面给出的错误提示

页面给出的错误提示如图 5-12 所示。

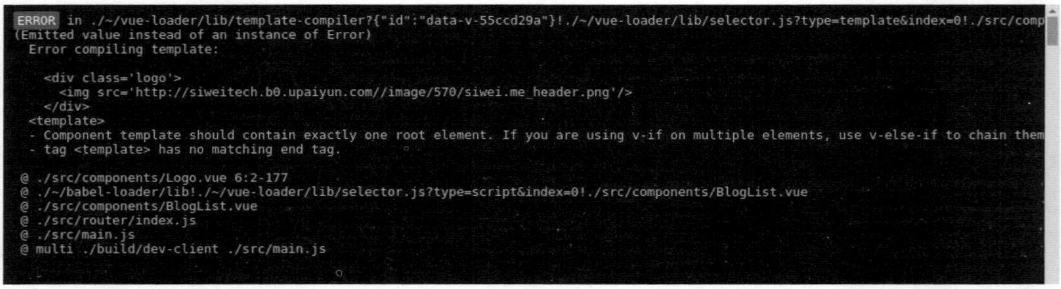

图 5-12 本地开发服务器的报错信息

```
Error compiling template:
```

```
    <div class='logo'>
      <img src='http://files.sweetysoft.com/image/570/siwei.me_header.png'/>
    </div>
<template>
<script>
</script>
- Component template should contain exactly one root element. If you are using v-if
  on multiple elements, use v-else-if to chain them instead.
- Templates should only be responsible for mapping the state to the UI. Avoid
  placing tags with side-effects in your templates, such as <script>, as they
  will not be parsed.
- tag <template> has no matching end tag.
```

这里的"Error compiling template："给出了提示，错误是在模板被编译时产生的。
下面给出的信息为"调用栈（Call Stack）"：

```
@ ./src/views/Logo.vue 6:2-177
@ ./~/babel-loader/lib!./~/vue-loader/lib/selector.js?type=script&index=0!./src/views/BlogList.vue
@ ./src/views/BlogList.vue
@ ./src/router/index.js
@ ./src/main.js
@ multi ./build/dev-client ./src/main.js
```

由代码中可以看到，@./src/views/Logo.vue 6:2-177 中的错误在 Logo.vue，第 6 行第 2 列。

5.4 基本命令

接下来要讲解的基本命令都是 vue-cli 提供的，可以认为是 Webpack+Vue.js 的结合。

5.4.1 建立新项目

```
$ vue create my_blog
```

vue create 命令会创建一个文件夹。具体的说明可参见 3.6 节 "Webpack 下的 Vue.js

项目文件结构"。

5.4.2　安装所有的第三方包

```
$ npm install
```

　　该命令是根据 package.json 文件中定义的内容来安装所有用到的第三方 JS 库。所有的文件都会安装到 node_module 目录下。

　　还可以输入--verbose 命令查看运行细节。

```
$ npm install --verbose
```

　　运行结果如下：

```
$ npm install --verbose
npm info it worked if it ends with ok
npm verb cli [ 'D:\\nodejs\\node.exe',
npm verb cli   'D:\\nodejs\\node_modules\\npm\\bin\\npm-cli.js',
npm verb cli   'install',
npm verb cli   '--verbose' ]
npm info using npm@x.x
npm info using node@v14.x.x
npm verb npm-session d1e752145cbb60ba
npm info lifecycle test_vue_0613@1.0.0~preinstall: test_vue_0613@1.0.0
npm timing stage:loadCurrentTree Completed in 1609ms
npm timing stage:loadIdealTree:cloneCurrentTree Completed in 12ms
npm timing stage:loadIdealTree:loadShrinkwrap Completed in 681ms
...
```

　　这样，出现问题时就很容易知道"卡"在哪里了。

5.4.3　在本地运行

　　本地运行使用下列命令：

```
$ npm run serve
```

　　默认会在 localhost 的 8080 端口启动一个小型的 Web 服务器，性能可以完全满足开发使用，还具备代理转发等功能。

　　源代码发生改变时，服务器也会自动重启（偶尔需要手动重启）。

　　代码如下所示：

```
$ npm run serve
```

```
> test_vue_0613@1.0.0 dev D:\workspace\vue_js_lesson_demo
> node build/dev-server.js

[HPM] Proxy created: /api  ->  http://siwei.me
[HPM] Proxy rewrite rule created: "^/api" ~> ""
> Starting dev server...
 DONE  Compiled successfully in 2373ms10:55:18

> Listening at http://localhost:8080

 WAIT  Compiling...11:02:14

 DONE  Compiled successfully in 213ms11:02:14

 WAIT  Compiling...11:06:09

 DONE  Compiled successfully in 117ms11:06:09

 WAIT  Compiling...11:06:26

 DONE  Compiled successfully in 103ms11:06:26
...
```

5.4.4 打包编译

打包编译运行命令如下：

```
$ npm run build
```

该命令用于把 src 目录下的所有文件打包成 Webpack 的标准文件，供部署使用。具体内容可参见 5.1 节"打包和部署"。

第 6 章

进阶知识

我们在实际开发项目中会遇到很多场景：全局变量、父子组件、传递消息、响应事件、computed 与 watcher 对象、生命周期、钩子方法、页面渲染的优化、Mixin 等，本章将讲解这些 Vue.js 进阶知识。

本章非常重要，建议读者一定要认真掌握，本章中很多知识点都是面试的必考题目。

6.1　JavaScript 的作用域与 this

无论是 JavaScript 还是 EMScript，变量的作用域都属于高级知识。我们想要考查一个 JS 程序员的水平如何，可以直接用作用域进行提问。

6.1.1　作用域

作用域在 JavaScript 和 EMScript 中的使用基本相同，EMScript 中的作用域更加严密一些。

1. 全局变量可以直接引用

```
//全局变量 a
var a = 1;
function one() {
  console.info(a);
}
```

打印结果为 1。

2. 函数内的普通变量

```
function two(a ){
  console.info('a is' + a)
}
```

two(a)打印结果是 a is a。

3. 普通函数可以对全局变量做赋值

```
var a = 1;
function four(){
  console.info(' in four, before a=4: ' + a)
  if(true) a = 4;
  console.info(' in four, after a=4: ' + a)
}
```

运行结果如下：

```
four(4)
in four, before a=4: 1      （这个是符合正常的scope 逻辑的）
in four, after a=4: 4       （这个也是符合）
```

再次运行 console.info(a)，输出结果为 4，说明全局变量 a 在 four()函数中已经发生了永久的变化。

4. 通过元编程定义的函数

```
var six = ( function(){
  var foo = 6;
  return function(){
    return foo;
  }
}
)();
```

在上述代码中，JS 解析器会先运行（忽略最后的"()"）。

```
var temp = function(){
  var foo = 6;
  return function(){
    return foo;
  }
```

}

然后运行 var six = (temp)(),6 就是:

```
function(){
  return foo;
}
```

上面的 foo 是来自方法最开始定义的 var foo=6,而这个变量的定义,是在一个 function() 中的。它不是一个全局变量。

如果在 console 中输入 foo,就会看到报错信息:

```
Uncaught ReferenceError: foo is not defined
```

5. 通过元编程定义的函数中的变量,不会污染全局变量

```
var foo = 1;

var six = ( function(){
  var foo = 6;
  return function(){
    console.info("in six, foo is: " + foo);
  }
}
)();
```

在上面的代码中,我们先定义了一个全局变量 foo,然后定义了一个方法 six,其中定义了一个临时方法 foo,并进行了一些操作。

运行结果如下:

```
six()    // 返回: in six, foo is: 6
foo      // 返回: 1
```

6.1.2　this

对于 this 的使用,在 https://developer.mozilla.org/en-US/docs/Web/JavaScript/Reference/Operators/this 文档中指出了对于 JavaScript 中 this 的详细用法。在 EMScript 中也一样。

简单来说,只需要记住 this 是指当前作用域的对象实例即可。

```
var apple = {
  color: 'red',
  show_color: function() {
```

```
    return this.color
  }
}
```

输入 apple.show_color 即可看到输出为 red，这里的 this 指的就是 apple 变量。

6.1.3 实战经验

1. 在 Vue 的方法定义中容易用错

当代码看起来没问题，但 console 总报"xx undefined"错误时，有可能是忘记加 this 了。例如：

```
<html>
<head>
  <script src="https://cdn.jsdelivr.net/npm/vue@3.2.2"></script>
</head>

<body>
    <div id='app'>
        {{ message }}
        <br/>
        <button v-on:click='highlight' style='margin-top: 50px'>真的吗</button>
    </div>
    <script>

        Vue.createApp({
            data() {
                return {
                    message: '学习 Vue.js 使我快乐~ '
                }
            },
            methods: {
                highlight: function() {
                    this.message = this.message + '是的，工资还会涨~!'
                }
            }
        }).mount('#app')
```

```
    </script>
</body>
</html>
```

使用浏览器加载上述代码，我们会发现报错，如图 6-1 所示为浏览器报"message is not defined"错误。

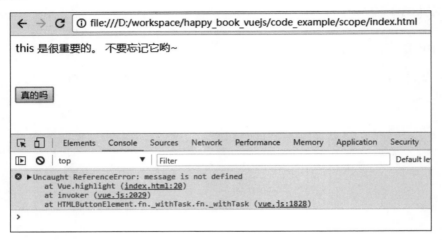

图 6-1　浏览器报"message xx is not defined"错误

在"this.message = this.message + '是的，工资还会涨~!'"一行代码中，message 是当前 Vue 实例的一个 property（属性），如果希望在 methods 中引用这个属性，就需要使用 this.message 才行。这里的 this 对应的就是 var app = new Vue() 中定义的 App。

2. 在发起 HTTP 请求时容易用错

我们来看下面的例子，这是一段代码片段。

```
new Vue({
    data: {
        cities: [...]
    },
    methods: {
        my_http_request: function(){
            let that = this
            axios.get('http://mysite.com/my_api.do')
            .then(function(response){
                // 这里不能使用 this.cities 赋值
                that.cities = response.data.result
            })
```

          }
      }
})

在上面的代码中，定义了一个 cities 属性和一个 my_http_request 方法。my_http_request 方法会向远程发起一个请求，然后把返回的 response 中的值赋给 cities。

通过上面的代码可知，需要先在 axios.get 之前定义一个变量 let that=this。此时，this 和 that 都处于 Vue 的实例中。

但是，在 axios.get(..).then()函数中，就不能再使用 this 了。因为在 then(...)中，这是 function callback，其中的 this 就是代表这个 HTTP request event。

 如果使用了 EMScript 的=>，就可以避免上述问题。

6.2 Mixin

Mixin 实际上是利用语言的特性（关键字），以更加简洁易懂的方式实现了"设计模式"中的"组合模式"。可以定义一个公共的类，这个类叫作 Mixin，然后让其他的类通过 include 的语言特性来包含 Mixin，直接具备了 Mixin 的各种方法。

Mixin 是一种较好的代码复用模式。

我们知道 Java、Object C 中的 interface、implements、extends 等关键字的意义是为了让代码可以复用、继承。但是这几种方法理解起来很不直观，给人一种模糊的感觉，特别是不习惯"设计模式"的用户。

在 JavaScript、Ruby 等动态语言中，如果需要复用代码，可直接使用 Mixin。

下面看一下在 Vue.js 中如何使用 Mixin 这种强大的工具。

1. 建立一个 Mixin 文件

可以在 src/mixins 目录下创建，例如 src/mixins/common_hi.js 文件：

```
export default {
  methods: {
    hi: function(name){
      return "你好, " + name;
    }
  }
}
```

2. Mixin 的使用

Mixin 使用起来十分简单，在对应的 JS 文件，或者 Vue 文件的<script>代码中引用即可。

例如，新建一个 Vue 文件：src/views/SayHiFromMixin.vue，内容如下：

```
<template>
  <div>
    {{hi("from view")}}
  </div>
</template>

<script>
import CommonHi from '@/mixins/common_hi.js'
export default {
  mixins: [CommonHi],
  mounted() {
    alert( this.hi('from script code'))
  }
}
</script>
```

"mixins：[CommonHi]"中的中括号表示数组。在 mounted()中调用的话，需要带有 this 关键字，如 this.hi()。

路由如下：

```
import SayHiFromMixin from '@/views/SayHiFromMixin'

export default new Router({
  routes: [
    {
      path: '/say_hi_from_mixin',
      name: 'SayHiFromMixin',
      component: SayHiFromMixin
    }
  ]
})
```

运行结果如图 6-2 所示。

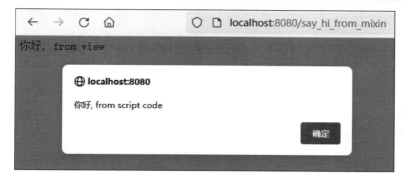

图 6-2　Mixin 的调用例子

6.3 Computed Properties 和 Watchers

Computed Properties 是计算得到的属性。Watchers 也叫监听器。

我们想要在页面上显示某个变量的值时，必须经过一些计算。例如：

```
<div id="example">
  {{ some_string.split(',').reverse().join('-') }}
</div>
```

代码越是复杂，维护就越容易出错。此时，我们需要一种机制，可以方便地创建通过计算得来的数据，Computed Properties 就是我们的解决方案。

6.3.1 典型例子

（本节对应的源文件为 public/with_external_link_computed.html）

```
<html>
<head>
  <script src="https://cdn.jsdelivr.net/npm/vue@3.2.2"></script>
</head>
<body>
  <div id='app'>
    <p> 原始字符串：{{my_text}} </p>
    <p> 通过运算后得到的字符串：{{my_computed_text}} </p>
  </div>
  <script>
    Vue.createApp({
      data() {
```

```
            return {
                my_text: 'good good study, day day up'
            }
        },
        computed: {
            my_computed_text: function(){
                // 先去掉逗号，按照空格分割成数组，然后翻转，并用'-'连接
                return this.my_text.replace(',', '').split(' ').reverse().join('-')
            }
        }
    }).mount('#app')
    </script>
</body>
</html>
```

上面的关键代码是在 Vue 的构造函数中传入一个 Computed 的段落。

使用浏览器运行后，可以看到如图 6-3 所示使用 Computed Properties 翻转字符串。

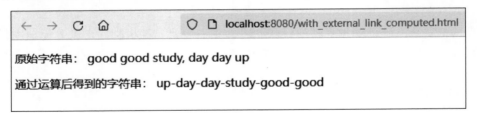

图 6-3　使用 Computed Properties 翻转字符串

6.3.2　Computed Properties 与普通方法的区别

（本节对应的源文件为 public/with_external_link_computed_replaced_by_method.html）

根据上面的例子，我们可以使用普通方法来实现。

```
<html>
<head>
 <script src="https://cdn.jsdelivr.net/npm/vue@3.2.2"></script>
</head>
<body>
    <div id='app'>
        <p> 原始字符串：{{my_text}} </p>
        <p> 通过运算后得到的字符串：{{my_computed_text()}} </p>
    </div>
```

```
    <script>
        Vue.createApp({
            data() {
                return {
                    my_text: 'good good study, day day up'
                }
            },
            methods: {
                my_computed_text: function(){
                    // 先去掉逗号，按照空格分割成数组，然后翻转，并用'-'连接
                    return this.my_text.replace(',', '').split(' ').reverse().join('-')
                }
            }
        }).mount('#app')
    </script>
</body>
</html>
```

运行上面的代码后，如图 6-4 所示为通过某个普通函数翻转字符串。

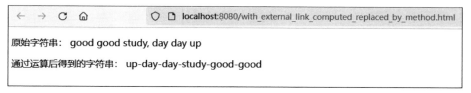

图 6-4 通过某个普通函数翻转字符串

可以发现两者达到的效果是一样的。

区别在于：使用 Computed Properties 的方式会把结果"缓存"起来，每次调用对应的 Computed Properties 时，只要对应的依赖数据没有改动，那么就不会变化；使用 function 实现的版本，则不存在缓存问题，每次都会重新计算对应的数值。因此，我们需要按照实际情况，选择使用 Computed Properties 方式还是普通 function 的方式。

6.3.3 Watched Property

（本节对应的源文件为 public/with_external_link_watch.html）

Vue.js 中的属性（Property）是可以根据计算发生变化（Computed）的，或者根据监听（Watch）其他变量的变化而发生变化的。

下面看一下，如何根据监听其他的变量而自身发生变化的例子。

```
<html>
<head>
    <script src="https://cdn.jsdelivr.net/npm/vue@3.2.2"></script>
```

```html
</head>
<body>

    <div id='app'>
        <p>
            我所在的城市： <input v-model='city' /> （这是个 watched property）
        </p>
        <p>
            我所在的街道： <input v-model='district' /> （这是个 watched property）
        </p>
        <p> 我所在的详细一些的地址： {{full_address}} （每次其他两个发生变化，这里就会随之变化） </p>
    </div>
    <script>
        Vue.createApp({
            data() {
                return{
                    city: '北京市',
                    district: '朝阳区',
                    full_address: "某市某区"
                }
            },
            watch: {
                city: function(city_name){
                    this.full_address = city_name + '-' + this.district
                },
                district: function(district_name){
                    this.full_address = this.city + '-' + district_name
                }
            }
        }).mount('#app')
    </script>
</body>
</html>
```

在上面的代码中，watch: { city: ..., district: ...}表示 city 和 district 已经被监听了，这两个都是 watched properties。只要 city 和 district 发生变化，full_address 就会随之变化。

使用浏览器打开上面的代码，此时由于 city 和 district 没有发生变化，因此 full_address 的值还是"某市某区"，如图 6-5 所示。

图 6-5 城市和街道变化前的页面

当在"我所在街道:"的文本框中添加"望京街道"后,可以看到下面的"我所在的详细一些的地址:"发生了变化,如图 6-6 所示。

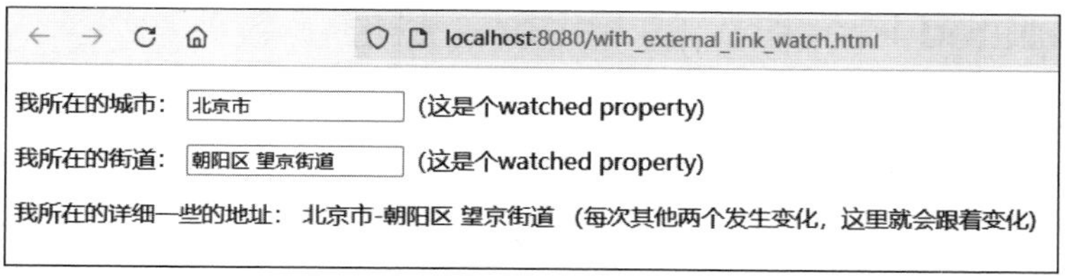

图 6-6 街道变化后的页面

使用 Computed 会比 Watch 更加简洁。

上面的例子可以使用 Computed 来改写(对应的源文件为 public/with_external_link_watch_replaced_by_computed.html)。

```
<html>
<head>
  <script src="https://cdn.jsdelivr.net/npm/vue@3.2.2"></script>
</head>
<body>

  <div id='app'>
      <p>
          我所在的城市: <input v-model='city' /> (这是个 watched property)
      </p>
      <p>
          我所在的街道: <input v-model='district' /> (这是个 watched property)
      </p>
      <p> 我所在的详细一些的地址: {{full_address}} (每次其他两个发生变化,这里就会随之变化) </p>
  </div>
  <script>
      Vue.createApp({
          data() {
              return{
                  city: '北京市',
                  district: '朝阳区',
              }
          },
          computed: {
              full_address: function(){
```

```
            return this.city + '-' + this.district;
        }
      }
    }).mount('#app')
  </script>
</body>
</html>
```

可以看到使用的方法少了一个，data 中定义的属性也少了一个，代码简洁了不少。代码简洁，维护起来就会更容易（代码量越少，程序越好理解）。

6.3.4　Computed Property 的 setter（赋值函数）

（本节代码对应的源文件为 public/with_external_link_watch_replaced_by_ computed_with_setter_getter.html）

从原则上来说，Computed Property 是根据其他的值经过计算得来的，不应该被修改。不过在开发中，确实有一些情况需要对 Computed Property 做修改，同时影响某些对应的属性（过程与上面是相反的）。

我们看下面的代码：

```
<html>
<head>
    <script src="https://cdn.jsdelivr.net/npm/vue@2.5.16/dist/vue.js"></script>
</head>
<body>
    <div id='app'>
        <p>
            我所在的城市：<input v-model='city' />
        </p>
        <p>
            我所在的街道：<input v-model='district' />
        </p>
        <p> 我所在的详细一些的地址：<input v-model='full_address' /> </p>

    </div>
    <script>
        var app = new Vue({
            el: '#app',
            data: {
                city: '北京市',
                district: '朝阳区',
            },
            computed: {
                full_address: {
                    get: function(){
                        return this.city + "-" + this.district;
                    },
                    set: function(new_value){
```

```
            this.city = new_value.split('-')[0]
            this.district = new_value.split('-')[1]
          }
        }
      }
    })
  </script>
</body>
</html>
```

在上面的代码中有这样一段：

```
computed: {
  full_address: {
    get: function(){
      return this.city + "-" + this.district;
    },
    set: function(new_value){
      this.city = new_value.split('-')[0]
      this.district = new_value.split('-')[1]
    }
  }
}
```

由上述代码可以看出，get 代码段就是原来的代码内容。而 set 代码段中则定义：如果 Computed Property（也就是 full_address）发生变化时，city 和 district 的值应该如何变化。

使用浏览器打开页面后，在"我所在的详细一些的地址："中输入一些文字，可以看到对应的"我所在的街道"发生了变化。如图 6-7 所示为使用 setter 修改 Computed Properties 后的结果。

图 6-7　使用 setter 修改 Computed Properties 后的结果

6.4　Component 进阶

在 Vue.js 的开发中，Component（组件）是不可或缺的。

6.4.1　实际项目中的 Component

我们来看一个实际项目中的例子，该项目只做了两个月，其中就发展到了 32 个 Component。该实际项目中复杂的 Component 文件结构如图 6-8 所示。

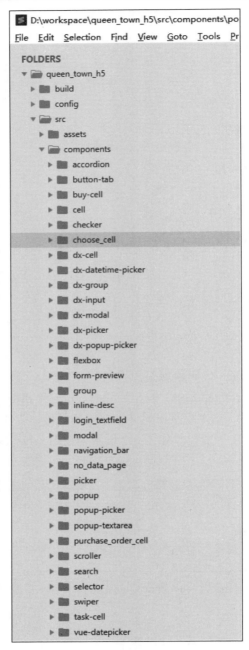

图 6-8　实际项目中复杂的 Component 文件结构

很多时候，一个 Component 中嵌套着另一个，这个 Component 再嵌套另外 5 个。例如：popup-picker 这个 Component 中，看起来是这样的：

```
<template>
  <div>
    <popup
```

```
        class="vux-popup-picker"
        :id="`vux-popup-picker-${uuid}`"
        @on-hide="onPopupHide"
        @on-show="onPopupShow">

        <picker
            v-model="tempValue"
            @on-change="onPickerChange"
            :columns="columns"
            :fixed-columns="fixedColumns"
            :container="'#vux-popup-picker-'+uuid"
            :column-width="columnWidth">
        </picker>
    </popup>
  </div>
</template>
<script>
import Picker from '../picker'
import Popup from '../popup'
...
</script>
```

可以看到，这个 Component 中还包含另外两个，即 popup 和 picker。

官方建议每个 Component 的命名都使用小写字母+横线的形式。例如：

```
Vue.component('my-component-name', { /* ... */ })
```

这个是符合 W3C 规范的。也可以定义为：

```
Vue.component('MyComponentName', { /* ... */ })
```

可以使用<MyComponentName/>调用，也可以使用 <my-component-name/>调用。不能使用下划线。

6.4.2 Prop

Prop 是 Component 中的属性。

1. Prop 命名规则

Prop 命名规则同 Component，建议使用小写字母+横线的形式。

Prop 有多种类型，包括字符串、数字、布尔、数组和对象。例如：

```
props: {
  title: "Triple Body",
  likes: 38444,
  isPublished: true,
  commentIds: [30, 54, 118, 76],
  author: {
      name: "Liu Cixin",
      sex: "male"
  }
}
```

2. 可以动态为 Prop 赋值

下面是一个静态的赋值：

```
<blog-post title="Vue.js 的学习笔记"></blog-post>
```

下面是一个动态的赋值：

```
// 1. 在 Script 中定义
post = {
  title: 'Triple body',
  author: {
      name: "Big Liu",
      sex: 'male'
  }
}

// 2. 在模板中使用
<blog-post v-bind:title="post.title + 'by' + post.author.name"></blog-post>
```

赋值时，只要符合标准的类型，都可以传入，包括 String、Bool、Array 等。

3. 使用 Object 为 Prop 赋值

假设定义有：

```
post = {
  author: {
      name: "Big Liu",
      sex: 'male'
  }
}
```

那么下面的代码：

```
<blog-post v-bind:author></blog-post>
```

等价于：

```
<blog-post v-bind:name="author.name" v-bind:sex="author.sex"></blog-post>
```

4. 单向的数据流

当"父页面"引用一个"子组件"时，如果"父页面"中的变量发生了变化，那么对应的"子组件"也会发生页面的更新，反之则不行。

5. Prop 的验证

Vue.js 的组件 Prop 是可以被验证的。如果验证不匹配，浏览器中的 console 就会弹出警告（warning），这个对于开发非常有帮助。

例如下面的代码：

```
Vue.component('my-component', {
  props: {
    name: String,
    sexandheight: [String, Number],
    weight: Number,
    sex: {
      type: String,
      default: 'male'
    }
  }
})
```

其中，name 必须是字符串，sexandheight 必须是数组。第一个元素是 String，第二个元素是 Number。weigh 必须是 Number，sex 是 String，默认值是 'male'。

Prop 支持的类型有 String、Number、Boolean、Array、Object、Date、Function、Symbol 等。

6. Non-Prop（非 Prop）的属性

很多时候，因为 Component 的作者无法预见应该使用哪些属性，所以 Vue.js 在设计时，支持让 Component 接受一些没有预先定义的 Prop。例如：

```
Vue.component('my-component', {
  props: ['title']
})
```

```
<my-component title='三体' second-title='第二册：黑暗森林'></my-component>
```

上面代码中的 title 就是预先定义的 "Prop"，second-title 就是"非 Prop"。

如果想要传递一个 non-prop，非常简单，Prop 怎么传，non-prop 就怎么传。

6.4.3 Attribute

Attribute 是标签中的属性。

1. Attribute 的合并和替换

如果 Component 中定义了一个 Attribute，例如：

```
<template>
  <div color="red">我的最终颜色是蓝色</div>
</template>
```

如果在引用了这个"子组件"的"父页面"中也定义了同样的 Attribute，例如：

```
<div>
  <my-component color="blue"></my-component>
</div>
```

那么"父页面"传递进来的 color="blue"就会替换"子组件"中的 color="red"。

但是，对于 class 和 style 是例外的。上面的例子中，如果将 Attribute 换成 class，那么最终 Component 中 class 的值就是 "red blue"（发生了合并）。

2. 避免子组件的 Attribute 被父页面影响

根据以上的分析，我们知道"父页面"的值总会替换"子组件"中的同名 Attribute。如果不希望有这样的情况发生，就可以在定义 Component 时这样做：

```
Vue.component('my-component', {
  inheritAttrs: false,
  // ...
})
```

6.5 Slot（插槽）

作为对 Component 的补充，Vue.js 增加了 Slot 功能。

6.5.1 普通的 Slot

（本节对应的源文件为 public/with_external_link_component_slot.html）

我们通过具体的例子来说明。

```
<html>
<head>
  <script src="https://cdn.jsdelivr.net/npm/vue@3.2.2"></script>
</head>
<body>
  <div id='app'>
    <study-process>
      我学习到了 Slot 这个章节
    </study-process>
  </div>
  <script>

    const app = Vue.createApp({})
    app.component('study-process', {
      template: '<div><slot></slot></div>'
    })
    app.mount('#app')
  </script>
</body>
</html>
```

从上面的代码中可以看到，我们先定义了一个 Component。

```
const app = Vue.createApp({})
app.component('study-process', {
  template: '<div><slot></slot></div>'
})
```

在 Component 的 template 中，是这样的：

```
template: '<div><slot></slot></div>'
```

这里就是我们定义的 Slot。在调用 Component 时：

```
<study-process>
  我学习到了 Slot 这个章节
</study-process>
```

"我学习到了 Slot 这个章节" 就好像一个参数一样传入到了 Component 中。Component 发现自身已经定义了 Slot，就会把这个字符串放到 Slot 的位置并显示出来。

使用 Slot 的页面如图 6-9 所示。

图 6-9　使用 Slot 的页面

6.5.2　named slot

（本节对应的源文件为 public/with_external_link_component_slot_with_ name.html）

named slot 也就是带有名字的 slot，很多时候我们可能需要多个 slot。比如下面的例子：

```
<html>
<head>
  <script src="https://cdn.jsdelivr.net/npm/vue@3.2.2"></script>
</head>
<body>
  <div id='app'>
    <study-process>
    <p slot='slot_top'>
      Vue.js 比起别的框架真的简洁好多
    </p>
    我学习到了 Slot 这个章节
    <h5 slot='slot_bottom'>
      再也不怕 H5 项目了
    </h5>
    </study-process>
  </div>
  <script>
    const app = Vue.createApp({})
    app.component('study-process', {
      template: `
        <div>
          <slot name="slot_top"></slot>
          <slot></slot>
          <slot name="slot_bottom"></slot>
        </div>
        `
    })
    app.mount('#app')
  </script>
</body>
</html>
```

在上面的代码中，我们定义了这样的 Component：

```
app.component('study-process', {
  template: `
    <div>
```

```
    <slot name="slot_top"></slot>
    <slot></slot>
    <slot name="slot_bottom"></slot>
  </div>
  `
})
```

其中，`<slot name="slot_top"></slot>` 就是一个 named slot（具备名字的 slot）。这样，在后面对 component 的调用中：

```
<p slot='slot_top'>
    Vue.js 比起别的框架真的简洁好多
</p>
```

就会渲染在对应的位置了。

6.5.3 Slot 的默认值

我们可以为 Slot 加上默认值，这样当"父页面"没有指定某个 Slot 时，就会显示这个默认值了。例如：

```
<slot name="slot_top">这里是 top slot 的默认值</slot>
```

6.6 Vuex

Vuex 是状态管理工具，与 React 中的 Redux 相似，但是更加简洁、直观。

简单来说，Vuex 可以帮我们管理"全局变量"，供任何页面在任何时候使用。与其他语言中的"全局变量"相比，Vuex 的优点如下：

（1）Vuex 中的变量状态是响应式的。当某个组件读取该变量时，只要 Vuex 中的变量发生变化，对应的组件就会发生变化（类似于双向绑定）。

（2）用户或程序无法直接改变 Vuex 中的变量，必须通过 Vuex 提供的接口来操作，该接口就是通过 commit mutation 实现的。

Vuex 非常重要，不管是大项目还是小项目都会用到它，我们必须会用。完整的官方文档可参见：https://vuex.vuejs.org/zh/。

Vuex 的内容很庞大，用到了比较"烧脑"的设计模式（这是由于 JavaScript 语言本身不够严谨和成熟导致的），因此笔者不打算把源代码和实现原理详细讲一遍，大家只要熟练使用就可以了。

6.6.1 正常使用的顺序

假设有两个页面：页面 1 和页面 2，它们共同使用一个变量 counter。页面 1 对 counter+1 后，页面 2 的值也会发生变化。

1. 修改 package.json

增加 Vuex 的依赖声明，代码如下：

```
"dependencies": {
  "vuex": "^4.0.0-0"    // 对应 Vue 3.x
},
```

如果不确定 Vuex 用哪个版本，就先手动安装一下。

```
$ npm install vuex --verbose
```

然后看安装的版本号就可以了。

2. 新建 store 文件

文件名：src/vuex/store/index.js。这个文件的作用是在整个 Vue.js 项目中声明我们要使用 Vuex 进行状态管理。

文件内容如下：

```
import { createStore } from 'vuex'
import { INCREASE } from '@/vuex/mutation_types'

export default createStore({
  state: {
    points: 0
  },
  mutations: {
    /*
      这里定义了一个方法：INCREASE 是以变量作为方法名，算是元编程的方式
      不喜欢麻烦的同学也可以直接用普通方式定义该方法，例如
      INCREASE() { ... }
    */
    [INCREASE]() {
      this.state.points = this.state.points + 1
    }
  },
  actions: {
```

```
  },
  modules: {
  },
})
```

在上面代码中，大部分是"鸡肋"代码。有用的代码如下：

```
[INCREASE]() {
  this.state.points = this.state.points + 1
}
```

上面是一个典型的 Vuex module，其作用就是计数，其中：

- state：表示状态，可以认为 state 是一个数据库，保存了各种数据，但无法直接访问里面的数据。
- mutations：表示变化，可以认为所有的 state 都是由 mutation 来驱动变化的，也可以认为它是 setter。

3. **新增文件**：src/vuex/mutation_types.js

```
// 大家做项目的时候，要统一把 mutation type 定义在这里
// 类似于一个方法列表
export const COUNT_DOWN = 'COUNT_DOWN'
export const INCREASE = 'INCREASE'
```

大家在做项目时，要统一把 mutation type 定义在这里，类似于方法列表。

这个步骤不能省略，Vue.js 官方也建议这样写。其好处是维护时可以看到某个 mutation 有多少种状态。

4. **新增路由**：src/routers/index.js

```
import ShowCounter1 from '@/views/ShowCounter1'
import ShowCounter2 from '@/views/ShowCounter2'

//...
  routes: [
    {
      path: '/show_counter_1',
      name: 'ShowCounter1',
      component: ShowCounter1
    },
    {
```

```
      path: '/show_counter_2',
      name: 'ShowCounter2',
      component: ShowCounter2
    }
  ]
//...
```

5. 新增两个页面： src/views/ShowCounter1.vue 和 src/views/ShowCounter2.vue

这两个页面除了页面标题不一样，其他部分完全相同。

```
<template>
  <div>
    <h1>这个页面是 1 号页面</h1>
    <p>使用说明：本页面演示的是，同一个 session 在不同的页面下，会保持同一个变量的状态（也就是值）
    先在当前页面多次单击"点击增加 1"按钮，然后单击本页面的"计时页面 2"，会发现变量是保持住的<br/>
    在那个页面多次单击之后，再跳转回本页，则会发现这个 points 的值还是会保持<br/>
    </p>
    {{points}} <br/>
    <input type='button' @click='increase' value='点击增加 1'/><br/>
    <router-link :to="{name: 'ShowCounter2'}">
        计时页面 2
    </router-link>

  </div>
</template>

<script>
import { useStore } from 'vuex'
import { INCREASE } from '@/vuex/mutation_types'

export default {
  computed: {
    points() {
      return this.$store.state.points
    }
  },
```

```
  store: useStore(),
  mounted() {
  },
  methods: {
    increase() {
      this.$store.commit(INCREASE, this.$store.state.points + 1)
    }
  }
}
</script>
```

我们可以在<script>中调用 Vuex 的 module 方法。例如：

```
increase() {
  this.$store.commit(INCREASE, this.$store.state.points + 1)
}
```

this.$store.state.points 就是获取到状态 points 的方法。

this.$store.commit(INCREASE,…)则是通过 INCREASE 这个 action 来改变 points 的值。

6.6.2 Computed 属性

Computed 代表的是某个组件的属性，该属性是计算出来的。每当计算因子发生变化时，这个结果也要重新计算。

在 src/views/ShowCounter1.vue 的下面的代码中：

```
computed: {
  points() {
    return this.$store.state.points
  }
},
```

就是定义了一个叫作 points 的 Computed 属性。然后在页面中显示：

```
<template>
  <!-- ... -->
  {{points}}
  <!-- ... -->
</template>
```

这样可以把 state 中的数据显示出来，并自动更新。重启服务器（$ npm run serve）之后运行，单击"点击增加 1"按钮，计数器的数值就会加 1。效果如图 6-10 所示。

图 6-10 使用 Vuex 实现的计数器

6.6.3 Vuex 原理图

Vuex 原理图如图 6-11 所示。

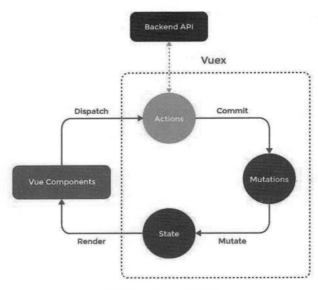

图 6-11 Vuex 原理图

由图中可以看到：

（1）总体包括 Action、Mutation 和 State 三个概念，State 由 Mutation 来变化。
（2）Vuex 通过 Action 与后端 API 进行交互。
（3）Vuex 通过 State 渲染前端页面。
（4）前端页面通过触发 Vuex 的 Action 来提交 Mutation，以达到改变 State 的目的。

6.7 Vue.js 的生命周期

每个 Vue.js 实例都会经历如图 6-12 所示的生命周期。

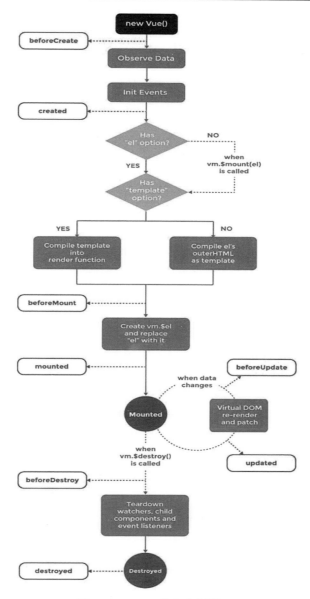

图 6-12 Vue.js 的生命周期

由图中可以看出基本周期如下：

（1）created（创建好 DOM）。

（2）mounted（页面基本准备好了）。

（3）updated（update 可以理解为手动操作触发）。

（4）destroyed（销毁）。

上面周期中的（1）、（3）、（4）步都是自动触发的，每一步都有对应的 beforeXyz 方法。因此，我们一般使用 mounted 作为页面初始化时执行的方法。

6.8 Event Handler 事件处理

Event Handler 之所以会被 Vue.js 放到很重要的位置，是基于以下考虑：

（1）把与事件相关的代码独立编写出来，非常容易定位各种逻辑，维护起来也方便。

（2）Event Handler 被独立出来之后，页面的 DOM 元素看起来就会很简单，容易理解。

（3）当一个页面被关闭时，对应的 ViewModel 会被回收，该页面定义的各种 Event Handler 也会被一并垃圾回收，不会造成内存溢出。

6.8.1 支持的 Event

我们在前面曾经看到过 v-on:click，那么都有哪些事件可以被 v-on 支持呢？只要是标准的 HTML 定义的 Event，都可以被 Vue.js 支持，比如 focus（元素获得焦点）、blur（元素失去焦点）、click（单击）、dblclick（双击）、contextmenu（右击）、mouseover（指针移到有事件监听的元素或其子元素内）、mouseout（指针移出元素或其子元素上）、keydown（键盘动作：按下任意键）及 keyup（键盘动作：释放任意键）。

可以在 https://developer.mozilla.org/zh-CN/docs/Web/Events 链接中查看所有 HTML 标准事件。

HTML 中一共定义了 162 个标准事件和几十个非标准事件，以及 Mozilla 的特定事件。如图 6-13 所示为 HTML 标准事件。

标准事件

这些事件在官方Web规范中定义，并且应在各个浏览器中通用。每个事件都和代表事件接收方的对象（由此您可以查到每个事件提供的数据），定义这个事件的标准或标准链接会一起列出。

事件名称	事件类型	规范	触发时机...
abort	UIEvent	DOM L3	资源载入已被中止
abort	ProgressEvent	Progress and XMLHttpRequest	Progress 被终止(不是error造成的)
abort	Event	IndexedDB	事务已被中止
afterprint	Event	HTML5	相关文档已开始打印或打印预览已被关闭
animationend	AnimationEvent	CSS Animations	完成一个CSS 动画
animationiteration	AnimationEvent	CSS Animations	重复播放一个CSS 动画
animationstart	AnimationEvent	CSS Animations	一个CSS 动画已开始
audioprocess	AudioProcessingEvent	Web Audio API audioprocess	一个ScriptProcessorNode 的输入缓冲区可处理
audioend	Event	Web Speech API	用户代理捕捉到用以语音识别的音频
audiostart	Event	Web Speech API	用户代理开始捕捉用以语音识别的音频
beforeprint	Event	HTML5	相关文档将要开始打印或准备打印预览
beforeunload	BeforeUnloadEvent	HTML5	即将卸载 window，document 及其资源
beginEvent	TimeEvent	SVG	A SMIL animation element begins.
blocked_indexedDB	IDBVersionChangeEvent	IndexedDB	An open connection to a database is blocking a versionchange transaction on the same database.

图 6-13　HTML 标准事件

不用全部记住，在日常开发中只有十几个是常见的 Event。

6.8.2 使用 v-on 进行事件绑定

（本节对应的源文件为 public/event_v-on1.html）

我们可以认为，几乎所有的事件都是由 v-on 这个 directive 来驱动的。

1. 在 v-on 中使用变量

可以在 v-on 中引用变量，代码如下：

```html
<html>
<head>
  <script src="https://cdn.jsdelivr.net/npm/vue@3.2.2"></script>
</head>

<body>
    <div id='app'>
        您单击了：{{ count }} 次
        <br/>
        <button v-on:click='count += 1' style='margin-top: 50px'> + 1</button>
    </div>
    <script>
        Vue.createApp({
            data() {
                return {
                    count: 0
                }
            },
        }).mount('#app')
    </script>
</body>
</html>
```

使用浏览器打开后，单击"+1"按钮，就可以看到 count 变量会随之加 1，如图 6-14 所示。

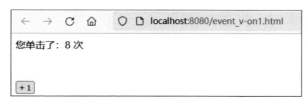

图 6-14 计数器每次单击都会加 1

2. 在 v-on 中使用方法名

（本节对应的源文件为 public/event_v-on2.html）

上面的例子也可以通过下面的代码来实现。

```html
<html>
<head>
  <script src="https://cdn.jsdelivr.net/npm/vue@3.2.2"></script>
</head>

<body>
    <div id='app'>
        您单击了：{{ count }} 次
        <br/>
        <button v-on:click='increase_count' style='margin-top: 50px'> +1</button>
    </div>
    <script>
        Vue.createApp({
            data() {
                return {
                    count: 0
                }
            },
            methods: {
                increase_count(){
                    this.count += 1
                }
            }
        }).mount('#app')
    </script>
</body>
</html>
```

可以看到，在 v-on:click='increase_count' 中，increase_count 就是一个方法名。

3. 在 v-on 中使用方法名+参数

（本节对应的源文件为 public/event_v-on3.html）

也可以直接使用 v-on:click='some_function("your_parameter")' 这样的写法。例如：

```html
<html>
<head>
  <script src="https://cdn.jsdelivr.net/npm/vue@3.2.2"></script>
</head>

<body>
  <div id='app'>
    {{ message }}
    <br/>
    <button v-on:click='say_hi("明日的Vue.js大神")' style='margin-top: 50px'> 跟我打个招呼~ </button>
  </div>
  <script>
    Vue.createApp({
      data() {
        return {
          message: "这是一个在click中调用方法+参数的例子"
        }
      },
      methods: {
        say_hi: function(name){
          this.message = "你好啊," + name + "!"
        }
      }
    }).mount('#app')
  </script>
</body>
</html>
```

使用浏览器打开后,单击"跟我打个招呼~"按钮就可以看到结果,如图6-15所示。

图6-15　通过click事件来调用方法

4. 重新设计按钮的逻辑

（本节对应的源文件为 public/event_preventdefault.html）

在实际开发中往往会遇到这样的情况：单击某个按钮，或者触发某个事件后，希望停止按钮的默认动作。

例如，提交表单时，我们希望先对该表单进行验证，如果验证不通过，该表单就不提交。此时，如果希望表单不提交，就需要让 submit 按钮不进行下一步动作。在所有的开发语言中，都有一个对应的方法叫作 preventDefault（停止默认动作）。

下面来看一个例子：

```html
<html>
<head>
 <script src="https://cdn.jsdelivr.net/npm/vue@3.2.2"></script>
</head>

<body>
    <div id='app'>
        请输入您想打开的网址,          <br/>
        判断规则是：                   <br/>
        1. 务必以 "http://"开头        <br/>
        2. 不能是空字符串              <br/>
        <input v-model="url" placeholder="请输入 http:// 开头的字符串，否则不会跳转"/> <br/>
        <br/>
        <a v-bind:href="this.url" v-on:click='validate($event)'> 点我确定 </a>
    </div>
    <script>
        Vue.createApp({
            data() {
              return {
                url: ""
              }
            },
            methods: {
                validate: function(event){
                    if(this.url.length == 0 || this.url.indexOf('http://') != 0){
                        alert("您输入的网址不符合规则。 无法跳转")
                        if(event){
                            console.info("event is: " + event)
                            event.preventDefault()
                        }
                    }
                }
```

```
        }
    }).mount('#app')
</script>
</body>
</html>
```

从上面的代码中可以看到，我们定义了一个变量 url，并通过<a v-bind:href="this.url" v-on:click='validate($event)'>点我确定</a>代码做了以下两件事情：

（1）把 url 绑定到了该元素上。

（2）该元素在触发 click 事件时会调用 validate 方法。validate 方法传递了一个特殊的参数 $event，该参数是当前事件的一个实例（MouseEvent）。

在 validate 方法中是这样定义的：先验证是否符合规则，若符合，则放行，然后继续触发<a/>元素的默认动作（让浏览器发生跳转）；否则会弹出一个 alert 提示框。

使用浏览器打开页面，可以看到页面改变按钮的默认逻辑：触发表单验证，如图 6-16 所示。

图 6-16　改变按钮的默认逻辑——触发表单验证

先输入一个合法的地址：http://baidu.com，单击后页面发生了跳转，跳转到了百度。再输入一个不合法的地址：ftp://baidu.com，该地址不是以"http://"开头，所以 Vue.js 代码不会跳转，如图 6-17 所示。

图 6-17　验证不符合规则提示

5. Event Modifiers（事件修饰语）

（本节对应的源文件为 public/event_modifier.html）

有时我们希望把代码写得优雅一些，但使用传统的方式可能会把代码写得很"臃肿"。如果某个元素在不同的 Event 下有不同的表现，那么代码看起来会有很多个 if...else...分支。因此，Vue.js 提供了 Event Modifiers。例如，可以把上面的例子略加修改：

```html
<html>
<head>
  <script src="https://cdn.jsdelivr.net/npm/vue@3.2.2"></script>
</head>

<body>
  <div id='app'>
    <p>本页显示 parent 和 child 区域的 click 与 click.prevent 的用法:</p>

    <div @click="click_parent()" style='width: 500px; border: 1px solid red'>
      <p>本区域属于 parent，点击这里，只调用 parent 的 click 事件 </p>

      <p @click.stop='click_child()' style='width: 400px; border: 1px solid blue'>
      本区域属于 child1，点击这里，只调用 child 的 click 事件 </p>

      <p @click='click_child()' style='width: 400px; border: 1px solid blue'>
      本区域属于 child2，点击这里，会调用两个 click 事件（parent + child）</p>
    </div>
  </div>

<script>
Vue.createApp({
  methods: {
    click_child: function(){
      alert("您点击了 child 区域")
    },
    click_parent: function(){
      alert("您点击了 parent 区域")
    }
```

```
        }
    }).mount('#app')
    </script>
</body>
</html>
```

可以看出上面的代码核心是：

```
<p @click.stop='click_child()'...
```

这个 click.stop 的效果就等同于 stopPropagation，可以看到点击 child1 区域的时候不会触发 parent 的 alert。

这样的 Event Modifiers 有以下几种：

- stop propagation：停止（调用了 event.stopPropagation()方法）后被触发。
- prevent：调用了 event.preventDefault()后被触发。
- capture：子元素中的事件可以在该元素中被触发。
- self：事件的 event.target 是本元素时被触发。
- once：事件最多被触发一次。
- passive：为移动设备使用（在 addEventListeners 定义时增加 passive 选项）。

以上的 Event Modifiers 也可以连接起来使用，如 v-on:click.prevent.self。

6. Key Modifiers（按键修饰语）

（本节对应的源文件为 public/event_key_modifier.html）

Vue.js 还提供了 Key Modifiers，也就是一种支持键盘事件的快捷方法。看下面的例子：

```
<html>
<head>
    <script src="https://cdn.jsdelivr.net/npm/vue@3.2.2"></script>
</head>

<body>
    <div id='app'>
        输入完毕后，按下回车键，就会<br/>
        触发 "show_message" 事件~  <br/><br/>
        {{message}}
        <input v-on:keyup.enter="show_message" v-model="message" />
    </div>
    <script>
```

```
    Vue.createApp({
        methods: {
            show_message: function(){
                alert("您输入了: " + this.message)
            }
        }
    }).mount('#app')
    </script>
</body>
</html>
```

在上面的代码中，v-on:keyup.enter="show_message" 为 <a/> 元素定义了事件，该事件对应回车键（严格地说，是回车键被按下后松开弹起来的那一刻）。

使用浏览器打开上面代码对应的文件，输入一段文字并按回车键后，就可以看到事件已经被触发了，如图 6-18 所示。

图 6-18　使用 Key Modifiers 触发事件

Vue.js 支持以下 Key Modifiers：

- Enter：回车键。
- tab：Tab 键。
- delete：同时对应 Backspace 键和 Delete 键。
- esc：ESC 键。
- space：空格键。
- up：向上键。
- down：向下键。
- left：向左键。
- right：向右键。

随着 Vue.js 版本的不断迭代和更新，越来越多的 Key modifiers 被添加了进来，如 Page

Down、Ctrl。对于这些快捷键的用法，大家可以查阅官方文档。

6.9 Vue.js 对变量的监听的原理

我们在之前的学习中，已经了解了 Vue.js 具备双向绑定的能力。例如某个变量发生变化，页面就会立刻随之改变。原生的 JavaScript 语言本身是不具备监听变量的能力的。

本节将对这个问题做一些阐述，可以认为这个问题是目前 Vue.js 求职的面试必考题目。

6.9.1　Proxy 对象

双向绑定最核心的依赖是 Proxy 对象。它是一个 JavaScript 内置的对象，可以使用并修改原对象的值。我们看下面的代码：

```javascript
const colors = {
  apple_color: "red",
  banana_color: "yellow"
};


const handler = {
  // getter 方法，用来读取某个对象的属性时被触发，例如 .apple_color
  // 该方法包含 3 个参数
  // target: 原对象
  // prop: 被调用的属性名称
  // receiver（也就是 proxy）
  get: function(target, prop, receiver) {
    return target[prop] + " -- from proxy";
  },
  // setter 方法，用来设置某个对象的属性时被触发，例如 apple_color = 'purple'
  // target:原对象
  // prop: 被调用的属性名称
  // value: 赋的新值
  set: function(target, prop, value){
    return target[prop] = value ;
  }
};
```

```
// 记得以后所有的调用都从 proxy 来调用
const proxy = new Proxy(colors, handler);
```

然后运行下面代码（该代码会自动触发 handler 的 getter 方法）：

```
console.info(proxy.apple_color)
```

console 中出现下面结果：

```
red -- from proxy
```

然后运行下面代码（该代码会自动触发 handler 的 setter 方法）：

```
proxy.apple_color = "green"
console.info(proxy.apple_color)
```

console 中出现下面结果：

```
green -- from proxy
```

6.9.2　Vue.js 内置的 track 与 trigger 方法

从 Proxy 的代码中，我们可以发现，Proxy 可以对某个对象封装，并且拦截对该对象的 getter/setter 方法的调用。

所以，可以在 getter/setter 中分别进行监听。例如下面代码所示：

```
const handler = {
  get: function(target, prop, receiver) {

    // 这个 track 方法是 Vue.js 用来跟踪 getter 事件的
    // 会把当前正在运行的信息记录下来（target，prop 记录到 Vue.js 的 effect 对象中）
    track(target, prop)
    return target[prop];
  },
  set: function(target, prop, value){
    // 这个 trigger 方法 Vue.js 用来跟踪 setter 事件的
    // 会自动触发对应页面的重新渲染
    trigger(target, prop)
    return target[prop] = value ;
  }
}
```

由于篇幅所限，这里省略了 track 和 trigger 两个方法的具体实现。读者知道它们的用途即可。

回顾一下我们之前的 Demo，所有的 Vue.js 组件都离不开 data()：

```
<script>
  Vue.createApp({
    // 在这个data()中声明的所有变量都会以类似 Proxy + track + trigger 的形式封装
    data() {
      return{
        one: 'value one',
        two: 'value two'
      }
    }
  }).mount('#app')
</script>
```

任何在 data()中声明的基础类型的变量都可以自动实现双向绑定。我们也可以通过调用 this.one 来获得 value one。实际上 this.one 是一个别名（alias method），它的完整形式应该是 this.$data.one。这里的 this.$data 就是一个 Proxy 对象。该 Proxy 对象实现了对于 { one: 'value one', two: 'value two'} 这个 Object 的代理。

所以，Vue.js 通过使用 Proxy（JavaScript 内置对象），track 与 trigger（Vue.js 自行实现的两个方法）的配合使用，实现了对于变量的监听。

6.9.3 双向绑定原则上只能作用于基本类型

基本类型包括：字符串（例如"hello"）、数字（例如 123）、布尔值（例如 true）等。

如果需要对一个复杂类型做双向绑定（例如 Array、Hash、Object），这样做通过深入修改实现代码也可以，不过会让代码非常复杂且脆弱。

感兴趣的读者可以进一步阅读：https://v3.vuejs.org/guide/reactivity.html。

6.10 与 CSS 预处理器结合使用

《程序员修炼之道》这本书中曾提到程序员的一个职业习惯——DRY（Don't Repeat Yourself），即不要做重复的事情。

目前的编程语言几乎都具备了消灭重复代码的能力，但是 CSS 是唯一不具备支持变量的编程语言。因为 CSS 本身只是一个 DSL（Domain Specific Language，领域特定的语言），不是"编程语言"。这样也就决定了它的特点：上手快，可以很好地表现 HTML 中某个元素的外观。缺点就是无法通过常见的重构手法（Extract Method，Extract Variable 等）精简代码。

因此，SCSS、SASS、LESS 等一系列的"CSS 预处理器"（precompiler）应运而生。

6.10.1　SCSS

SCSS 的全称为 Sassy CSS（时髦的 CSS），是 SASS 3 引入的新语法，其语法完全兼容 CSS 3，并且继承了 SASS 的强大功能。任何标准的 CSS 3 样式表是具有相同语义的、有效的 SCSS 文件。官方网站同 SASS。

由于 SCSS 是 CSS 的扩展，因此所有在 CSS 中正常工作的代码也能在 SCSS 中正常工作。对于一个 SASS 用户，只需要理解 SASS 扩展部分如何工作，就能完全理解 SCSS。

大部分的用法都与 SASS 相同，唯一不同的是 SCSS 需要使用分号和大括号。

看下面的例子：

```scss
$font-stack:    Helvetica, sans-serif;
$primary-color: #333;

body {
  font: 100% $font-stack;
  color: $primary-color;
}
```

在上面的代码中，定义了两个变量：$font-stack 和$primary-color。编译后的 CSS 如下：

```css
body {
  font: 100% Helvetica, sans-serif;
  color: #333;
}
```

更多内容可以到官方网站进行学习，网址为 https://sass-lang.com/guide。

6.10.2　LESS

LESS 也是一种 CSS 预处理器。它是只多了一点内容的 CSS（官方的说法为 It's CSS, with just a little more）。

LESS 的官方网址为 http://lesscss.org/，GitHub 的官方网址为 https://github.com/less/less.js。其作用与 SCSS 一样，也是为了让代码更加精简，删除无意义的重复代码。我们来看下面的例子：

```less
// Variables
@link-color:        #428bca; // sea blue
@link-color-hover:  darken(@link-color, 10%);
```

```
// Usage
a,
.link {
  color: @link-color;
}
a:hover {
  color: @link-color-hover;
}
.widget {
  color: #fff;
  background: @link-color;
}
```

上面的例子中定义了两个变量：@link-color 和 @link-color-hover，并且在下方进行了引用。同时还使用了换算功能 darken(@link-color, 10%)。

上面的代码会被编译成下面的 CSS：

```
a,
.link {
  color: #428bca;
}
a:hover {
  color: #3071a9;
}
.widget {
  color: #fff;
  background: #428bca;
}
```

可以看到，LESS 的功能非常强大。

6.10.3 SASS

提到 SCSS、LESS，就不得不提 SASS。SASS 的官方网址为 https://sass-lang.com/，GitHub 的官方网址为 https://github.com/sass/sass。

SASS 的特点是去掉了大括号和分号，看起来十分简单，使用空格来标记不同的段落层次。与 HAML 基本是一样的。

我们来看下面的例子：

```
$font-stack:    Helvetica, sans-serif
$primary-color: #333

body
  font: 100% $font-stack
  color: $primary-color
```

在上面的代码中定义了两个变量：$font-stack 和 $primary-color，并且在下面对它们进行了引用。

我们来看编译后的结果：

```
body {
  font: 100% Helvetica, sans-serif;
  color: #333;
}
```

不过，在实际应用中使用该语言要依情况而定。因为在实际应用中，程序员喜欢直接使用 UI、美工或前端工程师给的 CSS 文件。如果使用 SASS 的话，还需要再动手做一遍转换，比较浪费时间。而且虽然美工可以看懂 CSS，但是看不懂 SASS。因此，这个技术比较落后，慢慢地就被 SCSS（SASS 3.0）取代了。

6.10.4 在 Vue.js 中使用 CSS 预编译器

CSS 预编译器使用的前提是我们以 Webpack 的形式使用 Vue.js。这里以 SASS 为例：
安装依赖 sass-loader 和 sass，运行下面的命令：

```
$ npm install sass sass-loader
```

在对应的 .vue 文件中，可以这样定义某个样式：

```
<style lang='scss'>
td {
  border-bottom: 1px solid grey;
}
</style>
```

上面的代码在运行时，会被 Webpack 编译成对应的 CSS 文件。

6.11 自定义 Directive

Vue.js 除了自身提供的 v-if、v-model 等标准的 Directive 外，还提供了非常强大的自定义功能。使用这个功能，可以定义属于自己的 Directive。

6.11.1 例　子

（本节对应的源文件为 public/custom_directive1.html）

我们来看下面的例子：

```html
<html>
<head>
  <script src="https://cdn.jsdelivr.net/npm/vue@3.2.2"></script>
</head>

<body>
    <div id='app'>
        下面是使用了自定义Directive的input，可以自动聚焦（调用focus()方法):<br/>
        <br/>
        <input v-myinput/>
    </div>

    <script>
    Vue.createApp({
        directives: {
            myinput: {
                mounted: function(element){
                    element.focus()
                }
            }
        }
    }).mount('#app')
    </script>
</body>
</html>
```

上面的代码中，先在 Vue 中定义了一个 Directives 代码段：

```
directives: {
  myinput: {
    inserted: function(element){
      element.focus()
    }
  }
}
```

- myinput：自定义 Directive 的名字。使用时就是 v-myinput。
- inserted：这是一个定义好的方法（钩子方法），表示页面被 Vue.js 渲染的过程中，在该 DOM 被 insert（插入）到页面时被触发，内容是 element.focus()。

使用浏览器打开后，可以看到<input/> 标签是会自动聚焦的。此时用户就可以直接输入内容了，如图 6-19 所示。

图 6-19　自定义标签实现自动聚焦

6.11.2　自定义 Directive 的命名方法

如果希望把 v-myinput 的调用写成 v-my-input，在定义时就应该写成：

```
directives: {
  // 注意下面的写法，使用双引号括起来
  "my-input": {
    inserted: function(element){
      element.focus()
    }
  }
}
```

这样就可以在 View 中使用了。

```
<input v-my-input />
```

6.11.3　钩子方法（Hook Functions）

我们在上面的例子中看到 inserted 是一个钩子方法。下面是一个完整的列表：

- bind：只运行一次，当该元素首次被渲染时（绑定到页面时）。
- inserted：该元素被插入到父节点时（也可以认为是该元素被 Vue 渲染时）。
- update：该元素被更新时。
- componentUpdated：包含的 component 被更新时。
- unbind：只运行一次，当该元素被 Vue.js 从页面解除绑定时。

6.11.4 自定义 Directive 可以接收到的参数

（本节对应的源文件为 public/custom_directive_binding.html）

Vue.js 为自定义 Directive 实现了强大的功能，可以接收多个参数。看下面的例子：

```
<!DOCTYPE html>
<html>
<head>
  <script src="https://cdn.jsdelivr.net/npm/vue@3.2.2"></script>
</head>
<body>
  <div id='app'>
      下面是自定义 Directive 的 binding 的非常全面的例子(记得要打开控制台)：<br/>
      <br/>
      <input v-my-input:foo.click="say_hi" />
  </div>
  <script>
      Vue.createApp({
        data() {
          return {
            say_hi: '你好啊，我是个value'
          }
        },
        directives: {
          "my-input": {
            mounted: function(element, binding, vnode){
              element.focus()
              console.info("binding.name: " + binding.name)
              console.info("binding.value: " + binding.value)
              console.info("binding.expression: " + binding.expression)
              console.info("binding.argument: " + binding.arg)
              console.info("binding.modifiers: ")
              console.info(binding.modifiers)
              console.info("vnode keys:")
              console.info(vnode)
            }
          }
```

```
        }
    }).mount('#app')
    </script>
</body>
</html>
```

打印结果如图 6-20 所示。

图 6-20　自定义 Directive 接收的参数打印结果

从图 6-20 中可以看出，自定义 Directive 在声明时接收了三个参数：function（element、binding、vnode）。通过这三个参数就可以看到很多对应的内容，包括 binding.name、binding.value 和 binding.expression，它们的含义都是字面上的意思。借助这些内容，可以实现自己想要的 Directive。

上面的代码也使用了很多 mounted、inserted 等钩子方法，列表如下：

- created(el, binding, vnode, prevVnode)：创建时触发。
- beforeMount()：加载前触发。
- mounted()：加载后触发。
- beforeUpdate()：更新前触发。
- updated()：更新后触发。
- beforeUnmount()：卸载前触发。
- unmounted()：卸载后触发。

6.11.5　Directive 的实战经验

（1）优先考虑使用 Component。考虑到维护成本，其作用与 JSP 中的自定义标签是一样的。与其使用 Directive，不如使用 Component。

（2）如果一定要用，就把它实现得尽量简单一些。

（3）渲染大数据表格的内容时（例如超过几百条以上的数据），直接使用自定义标签，不要使用 v-for。因为大数据表格如果不需要双向绑定的话，会大量占用系统资源，导致卡顿。

6.12　全局配置项

Vue.js 提供了全局配置项的方式——Application Config。我们可以通过它来实现全局配置。

例如，某个 Vue.js 应用会有这些后端接口：

- http://somesite.com/interface/blogs。
- http://somesite.com/interface/blog?id=2。

我们就可以把 http://somesite.com 抽取成为一个配置项：

```
import { createApp } from 'vue'
const app = createApp({})
// 这里对 API 进行设置
app.config.globalProperties.server_name = 'http://somesite.com/interface'
```

然后，我们就可以在对应的.vue 页面通过 this.api 进行使用：

```
axios.get(this.server_name + '/blogs').then ...
```

下面是一个完整的例子（对应的源文件为 src/views/ApplicationConfig.vue）：

```
<template>
  <div class="hello">
    <p>下面 3 张图片都使用了 this.cdn_name 这个全局配置作为图片 url 的域名</p>
    <img :src="image1" /> <br/>
    <img :src="image2" /> <br/>
    <img :src="image3" /> <br/>
  </div>
</template>

<script>
```

```
export default {
  name: 'hello',
  data () {
    return {
      image1: this.cdn_name + '/blog_images/from_paste_20220204_093416.png',
      image2: this.cdn_name + '/blog_images/from_paste_20220204_092835.png',
      image3: this.cdn_name + '/blog_images/from_paste_20220206_090923.png'
    }
  }
}
</script>
<style>
img{
    width: 150px;
}
</style>
```

该页面打开后效果如图 6-21 所示。

图 6-21　使用了全局配置作为 CDN 域名来展示图片

6.13 单元测试

单元测试非常重要。没有单元测试的代码很脆弱,程序员在开发的时候好比走钢丝,特别是开发金融相关的系统时,单元测试永远都是保证系统稳定运行的最有效手段。在项目准备上线前跑一下所有的单元测试,保证所有的 test case 都能通过,那么该系统就几乎不会出现部署的回滚等问题。

目前国内的单元测试覆盖率虽然不高,但是强烈建议读者在自己负责的系统中增加单元测试。如果时间不够的话,不求 100%的覆盖率,只要对核心功能有测试覆盖,也可以让你的程序员生活质量大大提高,项目部署时不会再有类似"走钢丝"的忐忑不安的心情。

在 Vue.js 中使用单元测试非常简单。在生成一个 Webpack 项目后,它就内置了对于 jest 的支持,我们查看 package.json,内容如下:

```
{
  ...
  "scripts": {
    "test:unit": "vue-cli-service test:unit"    // 运行单元测试的命令
  },
  "dependencies": {
    ...
  },
  "devDependencies": {
    ...
    "@vue/cli-plugin-unit-jest": "~4.5.0",       // 单元测试插件
    "@vue/test-utils": "^2.0.0-0",               // 单元测试插件 test-utils
    "vue-jest": "^5.0.0-0"                       // 单元测试插件 vue-jest
  }
}
```

假定有这样的一个待测试的文件(src/lib/calculator.js):

```
let Calculator = {

    sum: function(a, b){
        return a + b
    },

    multiply: function(a, b){
        return a * b
```

```
    }
}
export default Calculator
```

我们为它增加对应的单元测试（tests/unit/calculator.spec.js）：

```
import Calculator from '@/lib/calculator'

describe('test Calculator', () => {
  // 对于 sum 的测试
  it('1 + 1 should == 2', () => {
    expect(Calculator.sum(1,1)).toEqual(2)
  })

  // 对于 sum 的测试
  it('3 + 4 should == 7', () => {
    expect(Calculator.sum(3,4)).toEqual(7)
  })

  // 对于 multiply 的测试
  it('2 * 8 should == 16', () => {
    expect(Calculator.multiply(2,8)).toEqual(16)
  })
})
```

上面的代码中，expect 接收一个结果，.toEqual()方法则是把 expect 的结果跟期望值作比较。

运行 $npm run test:unit 命令，就可以看到结果，如下：

```
> vue3_demo@0.1.0 test:unit C:\files\vue3_lesson_demo
> vue-cli-service test:unit

 PASS  tests/unit/calculator.spec.js
  test Calculator
    √ 1 + 1 should == 2 (4ms)
    √ 3 + 4 should == 7
    √ 2 * 8 should == 16

Test Suites:   1 passed, 1 total
Tests:         3 passed, 3 total
```

```
Snapshots:       0 total
Time:            16.468s
Ran all test suites.
```

对于 jest 的进一步学习可以参见网址 https://next.vue-test-utils.vuejs.org/guide/。

6.14 Teleport

Teleport（传送）允许我们打乱 Dom 的位置，把某一块<div>内容放到对应的位置。这种方式特别适合悬浮窗（modal dialog）。例如下面的代码（对应的文件是 src/views/Teleport.vue）：

```
<template>
  <button @click="switchModalWindow()">开启悬浮窗(modal window)</button>
  <teleport to="body">
    <div v-if="isModalOpen" class="modal">
      <div class="content">
        <p>学习使我快乐~</p>
        <button @click="switchModalWindow()">关闭悬浮窗</button>
      </div>
    </div>
  </teleport>
</template>

<script>
export default {
  data() {
    return {
      isModalOpen: false
    }
  },
  methods: {
    switchModalWindow(){
      this.isModalOpen = !this.isModalOpen
    }
  },
}
</script>
```

```css
<style>
.modal{
  z-index: 10;
  position: absolute;
  height: 100vh;
  width: 100vw;
  left: 0;
  top: 0;
  background-color: rgba(0,0,255,0.1);
}

.content {
  z-index: 20;
  width: 400px;
  margin: 0 auto;
  margin-top: 100px;
  padding: 50px;
  height: auto;
  border: 1px solid red;
  background-color: white;
}
</style>
```

该页面在<Teleport>中声明了一个 HTML 代码块，然后通过<teleport to="body">把该代码块放在了<body>标签上，运行效果如图 6-22 所示。

图 6-22　使用 Teleport 实现弹窗

6.15 页面渲染的优化

（本节对应的源文件为 public/custom_directive2.html）

由于 Vue.js 默认使用了双向绑定，所以很容易在渲染大数据的时候使得页面变慢。所以我们可以使用自定义指令（Directive）来实现。如下面代码所示：

```html
<html>
<head>
  <script src="https://cdn.jsdelivr.net/npm/vue@3.2.2"></script>
</head>

<body>
  <div id='app'>
     下面演示渲染一个 5000 条数据的自定义指令(directive) <br/>
     <br/>
     <p v-biglist="a_very_big_list"/></p>

  </div>

  <script>
  Vue.createApp({
     data(){
        let a_very_big_list = []
        for(let i = 0; i < 5000; i++){
           a_very_big_list.push("I am the data:" + (i + 1))
        }
        return {
           a_very_big_list: a_very_big_list
        }
     },
     directives: {
        biglist: {
           mounted: function(element, binding){
              for(let i = 0; i < binding.value.length; i++){
                 // 这里没有使用双向绑定，直接通过 innterHTML= 来渲染
```

```
                element.innerHTML += binding.value[i] + "<br/>"
            }
          }
        }
      }
    }).mount('#app')
    </script>
</body>
</html>
```

 上面代码中并没有使用双向绑定，而是使用了自定义标签<biglist>，该标签的实现是通过 element.innerHTML+=…来实现的。

6.16 Composition API

Vue.js 3 引入了 Composition API，官方认为这个特性会为复杂项目解耦。笔者对此持观望态度。因为经过过去若干项目的经历，笔者认为 Composition API 违反直觉、不易理解，在国内目前使用的人数不多。反而 Option API 在国内是主流。

笔者是后端开发出身，认为前端项目的特点和演化应该是：

- 前端再复杂，与后端相比也很简单。
- 如果是展示型的内容，Option API 就足够好了，简单明了。
- 如果真的很复杂，就应该从架构上做调整，看如何拆分成子项目，而不是把代码都杂糅到一起，再用 Composition API 重构。
- Composition API 并不会减少代码量，那么在根本上就不会让项目的维护变简单。
- Composition API 不会让人快速上手。

所以，我们用很小的篇幅来介绍 Composition API。希望进一步深入学习的读者可以前往 https://v3.vuejs.org/guide/composition-api-introduction.html 自行查看。

6.16.1 Composition API Demo

我们创建 src/views/CompositionApiDemoOne.vue 页面，内容如下：

```
<template>
  <div>单击了 {{count}} 次. </div>

  <div>
```

```
    水果的名称是：{{fruit.name}} <br/>
    水果的颜色是：{{fruit.color}} <br/>
  </div>
  <button @click = "change">换个水果</button>
</template>

<script>
import {ref, reactive } from 'vue';

export default {
  setup () {
    // ref 给基本类型使用，例如 number, string
    const count = ref(0)

    // reactive 给对象使用，例如 Hash, Array 等
    const fruit = reactive({
      name: '苹果',
      color: '红色'
    })

    const change = () => {
      const colors = ['红色', '黄色', '绿色']
      const names = ['苹果', '香蕉', '柠檬']

      // 每次单击后，count + 1
      count.value = count.value + 1
      let index = count.value % 3

      // 切换一种水果
      fruit.name = names[index]
      fruit.color = colors[index]
    }
    // 这里返回的 count 等可以直接在 template 中使用，例如{{count}}
    return {
      count,
      change,
```

```
      fruit
    }
  }
}
</script>
```

该页面的作用是通过单击按钮来切换显示的内容，并记录单击次数。效果如图 6-23 所示。

图 6-23　使用 Composition API 的例子

通过上面的代码可以看出，Composition API 具备如下特点：

（1）使用了 setup()函数。

（2）不存在 data()函数。

（3）在 setup()函数中定义了对应的本页面需要用到的变量：

● 通过 ref 来设置基本类型，代码如下：

```
// ref 给基本类型使用，例如 number, string
const count = ref(0)
```

● 通过 reactive 设置复杂类型，代码如下：

```
// reactive 给对象使用，例如 Hash, Array 等
const fruit = reactive({
  name: '苹果',
  color: '红色'
})
```

（4）在 setup()函数中定义对应的方法，代码如下：

```
const change = () => {
  const colors = ['红色', '黄色', '绿色']
  const names = ['苹果', '香蕉', '柠檬']
  // 每次单击后, count + 1
  count.value = count.value + 1
  let index = count.value % 3


  // 切换一种水果
```

```
    fruit.name = names[index]
    fruit.color = colors[index]
}
```

（5）setup()函数需要返回该页面用到的所有变量，代码如下：

```
// 这里返回的 count 等可以直接在 template 中使用，例如{{count}}
return {
  count,
  change,
  fruit
}
```

6.16.2　等效的 Option API Demo

该页面可以使用传统的 Option API 来实现，等效的代码如下：

（本节对应的源文件为 src/views/CompositionApiDemoOneEquivalenceFromOptionApi.vue）

```
<template>
  <div>您单击了{{count}}次</div>

  <div>
    水果的名称是：{{fruit.name}} <br/>
    水果的颜色是：{{fruit.color}} <br/>
  </div>
  <button @click = "change">换个水果</button>
</template>

<script>
export default {
  data() {
    return {
      count: 0 ,
      fruit: {name: '苹果', color: '红色'}
    }
  },
  methods: {
    change(){
```

```
    // 每次单击后，count + 1
    this.count = this.count + 1

    const colors = ['红色', '黄色', '绿色']
    const names = ['苹果', '香蕉', '柠檬']

    let index = this.count % 3

    // 切换一种水果
    this.fruit.name = names[index]
    this.fruit.color = colors[index]
   }
  }
}
</script>
```

页面打开后效果同图 6-23 所示的相同。

6.17 Provide 与 Inject

试想一下，如果有三层 Component 层层嵌套，那么就需要在第一层中将第三层需要用到的 Prop 的值传入进去。如果层次越来越多的话，代码就会不可读。

Provide 与 Inject 就是为了解决这个问题而诞生的，将它们搭配使用，就可以实现非常灵活的传值能力。

本节我们会用两种方式（Option API 与 Composition API）来实现 Provide 与 Inject。我们先准备好两个 Component：

- src/components/ProvideLevelTwo.vue：第二层组件。
- src/components/ProvideLevelThree.vue：第三层组件。

src/components/ProvideLevelTwo.vue 的代码如下：

```
<template>
  <div style='border: 1px solid green; margin-left: 50px; width: 700px'>
    我来自二级页面
    <ProvideLevelThree></ProvideLevelThree>
  </div>
```

```
</template>

<script>
import ProvideLevelThree from '@/components/ProvideLevelThree'
export default {
  data () {
    return {
    }
  },
  components: {
    ProvideLevelThree
  }
}
</script>
```

src/components/ProvideLevelThree.vue 的代码如下:

```
<template>
  <div style='border: 1px solid red; margin-left: 50px; width: 600px'>
    我来自三级页面 <br/>
    <span style='color: red'>
      readme_from_level_one: {{readme_from_level_one}} <br/>
    </span>
  </div>
</template>

<script>
export default {
  data () {
    return {
    }
  },
  inject: ["readme_from_level_one"]    // 注意这个 inject
}
</script>
```

6.17.1 Option API 的实现方法

本节我们使用 Option API 来实现。创建文件 src/views/ProvideLevelOne.vue，代码如下：

```
<template>
  <div>
    我来自一级页面
    <ProvideLevelTwo></ProvideLevelTwo>
  </div>
</template>

<script>
import ProvideLevelTwo from '@/components/ProvideLevelTwo'
export default {
  data () {
    return {
    }
  },
  components: {
    ProvideLevelTwo
  },
  // 注意 provide()，所有在下层组件用到的 Prop，都可以在这里定义
  provide () {
    return {
      readme_from_level_one: "我是在第一层页面被定义的，在第三层应该被使用",
    }
  }
}
</script>
```

上面的代码中，通过 provide()方法定义了变量 readme_from_level_one，该变量可以直接在第三层组件（src/components/ProvideLevelThree.vue）中使用，使用的方式是调用 inject()方法即可（具体见对应文件中的注释），效果如图 6-24 所示。

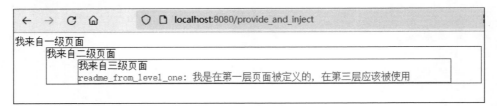

图 6-24 使用 Option API 实现 Provide 与 Inject

6.17.2　Composition API 的实现方法

我们也可以使用 Composition API 来实现上面页面的功能。源代码如下（本节对应的源文件为 src/views/CompositionApiProvideLevelOne.vue）：

```
<template>
  <div>
    我来自一级页面
    <ProvideLevelTwo></ProvideLevelTwo>
  </div>
</template>


<script>
import { provide } from 'vue'
import ProvideLevelTwo from '@/components/ProvideLevelTwo'
export default {
  components: {
    ProvideLevelTwo
  },
  setup(){
    const readme_from_level_one = "我是在第一层页面被定义的，在第三层应该被使用"
    provide("readme_from_level_one", readme_from_level_one)
  }
}
</script>
```

上面代码运行后，效果同图 6-24 所示。

更进一步地，我们可以在 Composition API 中实现把第一层组件中绑定的变量通过 provide/inject 的方式传递到第三层，源代码如下（源文件为 src/views/CompositionApiProvideLevel OneReactive.vue）：

```
<template>
  <div>
    我来自一级页面，请输入任意内容：
    <input v-model="readme_from_level_one" style='width: 250px'/>
    <ProvideLevelTwo></ProvideLevelTwo>

  </div>
</template>
```

```
<script>
import { provide, ref } from 'vue'
import ProvideLevelTwo from '@/components/ProvideLevelTwo'
export default {
  components: {
    ProvideLevelTwo
  },
  setup(){

    // 这里使用了 ref 方法来定义一个响应式的变量，供 provide 使用
    let readme_from_level_one = ref("学习使我快乐~ 这个变量可以修改")
    provide("readme_from_level_one", readme_from_level_one)
    return {
      readme_from_level_one
    }
  }
}
</script>
```

这里是通过 ref 来把第一级的组件变量做了声明（声明为响应式的变量），然后在第三层中进行显示。

运行后效果如图 6-25 所示，可以看到随着第一层组件的 input 内容的变化，第三层组件的内容也随之改变。

图 6-25　使用 Composition API 实现 Provide 与 Inject

6.18　子组件向父组件的消息传递

本节极其重要，不但是开发项目要求必备的，也是面试的必考题目，所以单独作为一节讲解。

通过前面的学习，我们知道组件设计的初衷是需要把 Prop 的值从父组件"单向"传递给

子组件，也就是说，无法把一个变量从子组件传递给父组件。

但是我们在实际的项目中，往往特别需要这样的功能：用户在子组件中输入一个值，然后在父组件中显示出来。

消息传递基本分为三种实现形式。

6.18.1 在子组件中 watch&emit，在父组件中监听

下面从一个例子来看，首先创建一个父组件（src/views/ComponentsCommunicationEmit.vue）：

```
<template>
  <div class="hello">
    <p>本页面是 parent 页面，会引用 ComponentCommunicationChildEmit </p>
    value_in_parent:        {{value_in_parent}}
    <br/>
    <!-- Step1 这个@child_page_value_changed 它会响应 child 组件中的 emit event -->
    <ComponentCommunicationChildEmit @child_page_value_changed="monitor_child">
    </ComponentCommunicationChildEmit>
  </div>
</template>

<script>
import ComponentCommunicationChildEmit from
'@/components/ComponentCommunicationChildEmit'
export default {
  data () {
    return {
      value_in_parent: '',
    }
  },
  components: {
    ComponentCommunicationChildEmit
  },
  methods: {
    // Step3 通过这个方法获得子组件传过来的值
    monitor_child(new_value){
      this.value_in_parent = new_value
    }
  }
}
```

```
}
</script>
```

然后创建一个子组件（源文件为 src/components/ComponentCommunicationChildEmit.vue）：

```
<template>
  <div style='border: 1px solid red; margin-left: 50px; width: 500px'>
    本页面是 child，会以 emit 的形式向 parent 页面传递变量 <br/>

    value_in_child: <input type="text" v-model="value_in_child"/>
  </div>
</template>

<script>
export default {
  data () {
    return {
      value_in_child: ""
    }
  },

  watch: {
    value_in_child(new_value){
      // Step2 注意这里的 emit 的第一个参数，是在 parent 中定义的
      // 第二个参数就是传递给 parent 的值
      this.$emit("child_page_value_changed", new_value)
      console.info("changed and emitted, value: ", new_value)
    }
  }
}
</script>
```

从上面的例子可以看出，有 3 个主要步骤：

（1）在 parent 组件中引用 child 组件，并且要加上一个事件的声明：

```
<ComponentCommunicationChildEmit @child_page_value_changed="monitor_child">
</ComponentCommunicationChildEmit>
```

（2）在 child 组件中，对某个变量做监听（watch），发现有变化之后 emit：

```
watch: {
```

```
value_in_child(new_value){
  // Step2 注意这里的 emit 的第一个参数，是在 parent 中定义的
  // 第二个参数就是传递给 parent 的值
  this.$emit("child_page_value_changed", new_value)
  console.info("changed and emitted, value: ", new_value)
  }
}
```

（3）在 parent 中接收并处理这个 emit：

```
// Step3 通过这个方法获得子组件传过来的值
monitor_child(new_value){
  this.value_in_parent = new_value
}
```

该页面运行后效果如图 6-26 所示。

图 6-26　使用 watch 和 emit 实现消息从子组件传递给父组件

6.18.2　使用 refs

refs 的方式绕过了 watch、emit 的使用，下面我们从一个例子来看，首先创建一个父组件（源文件为 src/views/ComponentsCommunicationRef.vue）：

```
<template>
  <div class="hello">
    <p>本页面是 parent 页面，会引用 ComponentCommunicationChildRef </p>
    <input type='button' @click='get_child_value' value="获取 child 中变量的值"/>：
    value_in_parent:    {{value_in_parent}}
    <br/>
    <ComponentCommunicationChildRef ref="child"></ComponentCommunicationChildRef>
  </div>
```

```
</template>

<script>
import ComponentCommunicationChildRef from
'@/components/ComponentCommunicationChildRef'
export default {
  data () {
    return {
      value_in_parent: '',
    }
  },
  mounted(){
  },
  components: {
    ComponentCommunicationChildRef
  },
  methods: {
    get_child_value(){
      this.value_in_parent = this.$refs.child.value_in_child
    }
  }
}
</script>
```

然后我们继续创建上面的父组件应用的 src/views/ComponentCommunicationChildRef.vue 文件，内容如下：

```
<template>
  <div style='border: 1px solid red; margin-left: 50px; width: 600px'>
    本页面是 child: <br/>
    value_in_child: <input type="text" v-model="value_in_child"/>
  </div>
</template>

<script>
export default {
  data () {
    return {
      value_in_child: ""
    }
  },
```

}
</script>

可以看到,这个方式的特点是:

(1)父组件用最普通的方式引用子组件,但是加上了 ref="child":

```
<ComponentCommunicationChildRef ref="child"></ComponentCommunicationChildRef>
```

(2)子组件中的代码没有任何特殊的地方:

```
// step2 在 template 中绑定它
<input type="text" v-model="value_in_child"/>
// step1 声明这个 value_in_child
  data () {
    return {
      value_in_child: ""
    }
  },
```

(3)在父组件中,增加一个按钮(可以触发事件),可以通过 this.$refs.child.value_in_child 获得上面子组件的值:

```
// step1 @click 事件会调用方法 get_child_value
<input type='button' @click='get_child_value' value="获取 child 中变量的值"/>

  methods: {
    get_child_value(){
      // step2 该方法会通过 this.$refs.child.value_in_child 获得子组件的值
      this.value_in_parent = this.$refs.child.value_in_child
    }
  }
```

运行后效果如图 6-27 所示。

图 6-27 使用 refs 实现消息从子组件传递给父组件

例如也可以通过 Vuex 来实现(相当于父子组件同时对全局变量做改动),此处不再赘述。

6.19 最佳实践

1. 适当使用 Vuex

若一个小方法就可以"搞定"的事情，就不要使用 5 个设计模式来实现。

2. 不要过度使用 CSS 框架

CSS 框架通常会增加文件体积，如 bootstrap、ele.me 前端框架，特别是使用 Android 中的 Webview 加载 H5 页面时，基本上 1KB 的 CSS 就会消耗 1ms。

3. 使用 CDN 存放图片文件

存放图片，UPYUN 就是一个不错的选择，阿里的 OSS 也很好。

4. JS、CSS 尽量使用压缩

让 JS、CSS 都以 ZIP 的形式发送和接收，一般会减少 30%~60%的体积和传送时间，具体可参考 Nginx 文档。

5. 灵活使用第三方 Vue 插件

第三方 Vue 插件有轮播图、表单验证等。读者要对各种第三方插件特别熟知。

6. 前端逻辑务必简单

Vue.js 擅长的不是处理数据结构，所以能在后台处理的，绝对不要放在前端处理。例如，前端需要展示一个列表，后端的接口就应该给出 JSON 中的数组，而不是给出一个字符串由前端去解析。

7. 不用写行末分号

Vue.js 源代码中没有一行有"行末分号"，因此不用定。

8. 灵活使用 CSS、HTML 预处理工具

我们知道 JADE、HAML 可以生成 HTML，SASS、SCSS、LESS 可以生成 CSS。如果公司的员工比较多，那么建议直接使用原生的 HTML、CSS；如果是一个人独立负责整个项目，那么使用 JADE、SCSS 则没问题。

第 7 章

实战周边及相关工具

本章将要讲解的几个问题都曾经耗费笔者几天到几周的时间,这里一并列举出来。前人栽树,后人乘凉,希望我们的经验对读者有用。

7.1 微信支付

微信支付,按照微信的官方文档来看并不算难,特别是"传统的 Web 项目"。但是对于 SPA(单页应用)来说就很"坑"了,几乎没有解释。

1. 优先使用 iOS 调试

微信支付有一个选项是可以打印支付过程中的调试信息的。但是我们在使用过程中发现,Android 的微信支付错误是不可读的。也就是说,开启 Debug 选项是不可用的。而对于苹果设备就支持得很好。所以,大家在开发时可以先把苹果设备"走通"。

2. 微信支付的授权目录问题

对于支付路径,微信要求在其管理后台进行配置。如图 7-1 所示为微信支付的支付授权目录设置。

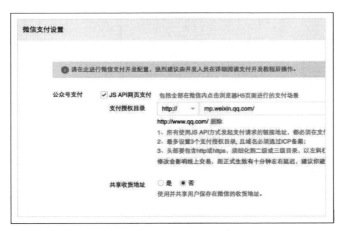

图 7-1　微信支付的支付授权目录设置

注意，Android 和 iOS 的配置是不一样的。Android 取支付页面的 url，iOS 取根路径 url。例如，根路径是 http://yoursite.com，支付路径是 http://yoursite.com/#/books/pay?id=3。那么，在设置"支付授权目录"时，需要设置以下两个目录：

- http://yoursite.com/#/（iOS）。
- http://yoursite.com/#/books/（Android）。

7.2 Hybrid App（混合式 App）

目前 App 几乎是每个互联网公司的标配，但不是每个团队都具备开发原生 App 的能力。于是就出现了以 Phonegap、Titanium、Xamarin、React Native 等一系列框架技术开发的混合式 App，我们大概了解一下。

- Phonegap：出现得比较早，使用了很多 HTML5 的技术实现原生 App 的功能，如拍照等。不过完全没有实用价值，响应速度非常慢，卡顿明显。
- Titanium：出现得比较早，性能很好，与小程序很类似。使用 JS、CSS 的类似技术，在不同平台上只要稍加修改代码，就可以跨平台，媲美原生 App。缺点是有学习曲线，特别是 module 很难写。
- Xamarin：使用.NET 实现，与 Titanium 很接近，也有不少的使用群体。不过由于是微软的平台，属于闭源技术，所以不具备开源社区的支持。
- React Native：使用 JS 黑科技，直接生成 Android/iOS 代码，原理与 Titanium、Xamarin 一样。目前比较流行的是混合式开发方式，性能也很高。

1. 共同的缺点

无论是 Titanium、Xamarin，还是 React Native、Weex，都属于使用 JS/.NET 把代码改造成可以被 Android/iOS 的 JavaScript Virtual Machine 所能接受的情况，即对原生的 Android/iOS 平台做了封装。这样做的好处是为两个不同的编程语言增加了一个统一的编程入口。

缺点也非常明显：做一些简单的事情（展示页面、单击按钮等）没问题，一旦需要用到第三方应用（定制化的地图、定制化的身份证识别、人脸识别等），就要求开发人员具备编写 native module 的能力。开发人员必须同时精通 Android/iOS（编写这种 native module 比单纯使用的要求高很多），但这样做背离了这些技术的初衷（让不太懂 App 的编程人员可以快速上手开发）。

2. 原生 App 的壳+Webview 的开发方式

还有一种就是原生 App 的壳+Webview 的开发方式。

- 原生的壳是指外壳部分完全使用 100%的 native App。

- Webview 是指所有页面都放到 Webview 中展示。

经过实践证明，这种情况对于 iOS 设备是可行的，但对于 Android 设备是不可行的。也就是说，原生的壳+Webview 的开发方式只适用于 iOS。

（1）iOS：机器硬件性能好，因为软件使用 Object C 开发，所以使用起来效果非常好，与 native App 的体验是一样的。每个页面都可以瞬间打开，并且页面滑动非常流畅。在开发层面上几乎不用考虑页面的适配，解决了很大的问题。

（2）Android：机器硬件性能稍差于苹果，软件使用 Java 开发，性能比 Object C 差。在 Android 中，Webview 的性能体验比 iOS 差太多，并且每个页面打开速度是 3~10 秒，卡顿严重。

我们曾经试着再优化，发现对于 Android + Webview（Vue.js）的方式，前期开发成本低于原生，后期维护成本远高于原生，而且一些问题在混合架构下基本无解。

因此，得出的结论是：开发 App，iOS 可以使用混合式开发，Android 务必使用原生开发。

7.3 安装 Vue.js 的开发工具：Vue.js devtool

Vue.js 是一个框架，构建于 JavaScript 的代码之上，而 JavaScript 语言的实现并不像其他后端语言（如 Java、Python、Ruby 等）那样有着对 Debug 友好的错误提示机制。原因如下：

（1）JavaScript 是一种非常灵活的语言，支持"元编程"，而对于任何一个"框架"来说，都会大量用到"元编程"的能力。例如：

```
var my_code = "var a = 1 + 1; console.info(a) "
eval(some_code)
```

在上面的代码中，eval 就是一个典型的"元编程"方法（meta programming）。通俗来讲，"元编程"就是为了"让程序来写程序"。"元编程"能力是评估一种语言是否"高级"的一个重要指标。

"元编程"的缺点是显示错误信息比较烦琐，往往显示的错误提示或 stack trace（堆栈轨迹）不是特别明显。

（2）JavaScript 语言是在各种不同的浏览器中实现的。因为不同的浏览器厂家都会实现不同的 JavaScript 虚拟机（virtual machine），所以我们会发现一些 JavaScript 的错误往往是不可读的，如图 7-2 所示。

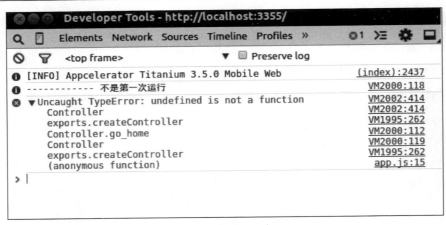

图 7-2　JavaScript 的错误不可读

上面出错的原因，就是由于 JavaScript 的代码中可能会有不同的 scope，而该浏览器为每个 scope 都会分配一个 virtual machine，因此上面打印出来的 stack trace 反映出了问题的所在，就是几乎没有可读性。

为了方便开发，读者一定要安装对应的开发组件，如 Vue.js devtools，其官方网址为 https://github.com/Vue.js/vue-devtools。

1. 安装步骤

安装非常简单，建议读者使用 Chrome 浏览器，这样就可以以插件的形式进行安装了。

步骤 01　安装 Chrome 浏览器。

步骤 02　打开 https://chrome.google.com/webstore/detail/Vue.js-devtools/ nhdogjmejiglipccpnnnanhbledajbpd 网址。

步骤 03　可以看到 Vue.js devtools 的插件主页，如图 7-3 所示。

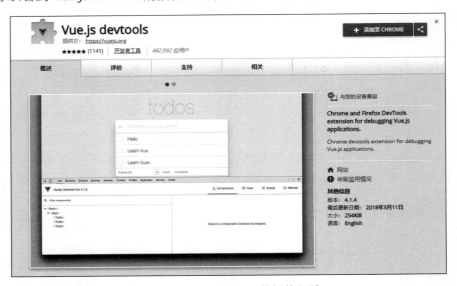

图 7-3　Vue.js devtools 的插件主页

步骤04 单击后，会询问是否添加"Vue.js devtools"安装，这里单击"添加扩展程序"按钮，如图 7-4 所示。

图 7-4　询问是否添加"Vue.js devtools"

步骤05 可以看到浏览器的右上角新增加了灰色图标，表示安装成功。

步骤06 执行"设置"→"更多工具"→"扩展程序"命令，就可以看到刚才安装的 Vue.js devtools 了，选中"允许访问文件网址"复选框，如图 7-5 所示。

图 7-5　选中"允许访问文件网址"复选框

2. 使用步骤

在安装 Vue.js devtools 之前，我们调试的时候，都是打开浏览器的 Developer Tools 功能，如图 7-6 所示。

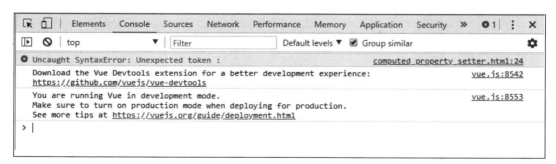

图 7-6　打开浏览器的 Developer Tools 功能

安装好之后，如果 Vue.js 项目是使用 HTTP 服务器打开（不是 file:///...）的，就可以看到如图 7-7 所示的界面。

图 7-7　Vue.js devtools 的主界面

7.4　如何阅读官方文档

我们在查看 Vue.js 文档的时候，会发现它与真正使用的项目代码完全不一样。例如，Vue.js 官方文档的讲解是完全把所有代码写在 JS 中的：

```
var Child = {
  template: '
A custom component!
'
}
new Vue({
  // ...
  components: {
    //将只在父模板可用
    'my-component': Child
  }
})
```

而实际的项目代码是这样的：

```
<template>
...
</template>
<script>
...
</script>
<style>
```

```
</style>
```

原因就在于，我们在实际项目中使用了 vue-loader，可以按照 Webpacke+Vue 的约定，非常好地自动加载所有内容。

1. Webpack 的官方文档地址

Webpack 就是一种工具，可以把各种 JS/CSS/HTML 代码打包编译到一起。

Vue.js 中已经集成了这个工具，我们在使用 vue-cli 时就会根据命令来生成 Webpack 所要求的文件结构，然后进行打包（npm run build），Vue.js 的源代码就会被 Webpack 打包成正常的 HTML 代码和文件目录。

读者要知道在本书中所讲的知识都是基于 Webpack 的 Vue.js，否则只看 Vue.js 的官方文档是看不懂的。

官方网址为 https://cn.vuejs.org/，单击右上角的"生态系统"菜单就可以看到入口了。

2. 如何查看 API 文档

对于初学者来说，需要适应 Vue.js 的 API 查看方式。

想要读懂 API，首先需要对 Vue.js 的各个方面有个明确的认识。

- 英文版网址：https://v3.vuejs.org/api/。
- 中文版网址：https://v3.cn.vuejs.org/api/。

建议在查看 API 文档时使用英文版，因为很多专业的名词如 Minxin、Component 等都是英文，读起来会更加明白一些。

第 8 章

实战项目

通过前面的学习，相信大家已经对 Vue.js 框架有了一个非常全面地了解。

下面通过开发一个真实的项目来完成本书的 Vue.js 实战。

假设我们在一家互联网电子商务公司就职，该公司的业务是帮助大山里的农民，把自家的农产品卖到城市。

需要解决的问题有以下三个：

（1）让农民把大山里的东西卖掉。
（2）让都市中的人享受到纯原生态的绿色食品，并且享受更低的价格。
（3）去掉中间商。保证农民的收入更多，消费者购买的价格更低。

通过这样的公益项目，公司也可以解决自身的生存问题。

8.1　准备 1：文字需求

梳理需求是项目的重中之重，把老板的"一句话需求"梳理成条理清晰、符合逻辑的文字，再进一步整理成原型图。

参与的角色总共有以下三个：

- 大山中的农民：提供农产品。
- 城市消费者：购买农产品。
- 平台管理员：对平台进行日常运作。

参与的角色如图 8-1 所示。

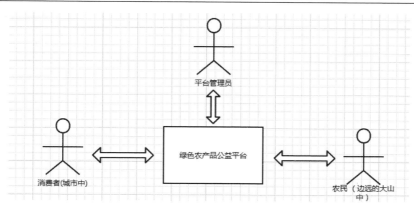

图 8-1　参与的角色

（1）消费者

- 可以注册。
- 可以微信授权。
- 可以查看商品列表页。
- 可以查看商品详情页。
- 可以查看购物车。
- 可以支付商品。

消费者用例图如图 8-2 所示。

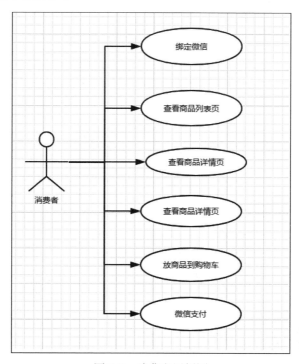

图 8-2　消费者用例图

（2）农民

直接与公司联系，告知可以出售的特产、价格等信息。

农民用例图如图 8-3 所示。

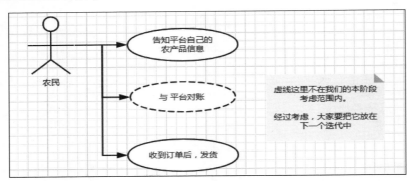

图 8-3　农民用例图

（3）平台管理员

- 可以管理商品分类。
- 可以管理商品的上/下架。
- 可以处理订单。
- 订单付款确认后，线下联系发送快递。

平台管理员用例图如图 8-4 所示。

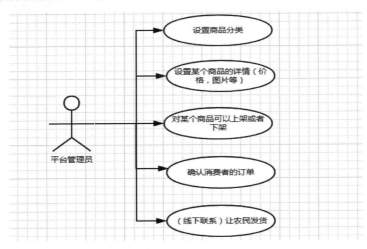

图 8-4　平台管理员用例图

8.2　准备 2：需求原型图

UI（原型图）永远是程序员和产品经理沟通的主要方式。程序员会同时关注 UI 和技术实现，但产品经理及用户只会关注 UI。所以，任何一个程序员在开始新项目时，都不能贸然地根据文字需求就开工。

8.2.1 明确前端页面

根据前面的小节，我们已经明确了每个角色的主要任务，知道前端是专门为消费者使用的。消费者可以：

（1）做微信绑定（微信提供授权页面，就不需要注册页面了）。
（2）看到首页。
（3）看到商品列表页。
（4）看到商品详情页。
（5）看到购物车页面。
（6）看到个人信息页面。
（7）看到微信支付页面。

8.2.2 如何画原型图

原型图就是简笔画。画原型图不需要任何门槛，建议新手直接动笔画：准备一支笔和一张白纸，心中想象着项目的样子，一个页面一个页面地画出来即可。根据笔者的经验，一个不太复杂的 App，一至两个小时就可以画出来了。

不要怕原型图简陋难看。越是简陋的原型图，修改起来就越容易。画得精细的原型图，反而不敢动手修改。

一旦有了动笔画图的经验，下一步就可以使用鼠标来画。市面上的原型图设计工具中，笔者比较喜欢的是 Mockplus，它简单好用、没有门槛。

图 8-5 首页的原型图

8.2.3 首 页

打开链接后直接进入首页，如图 8-5 所示。
在首页中：

- 上部分是轮播图。
- 中间部分是商品分类。
- 下方是商品列表。
- 最下面是 4 个标签页，即首页、商品、购物车、我的。

8.2.4 商品列表页

用户在首页点击商品，即可进入商品列表页，如图 8-6 所示。

图 8-6　商品列表页

8.2.5　商品详情页

用户在商品列表页点击某个商品后,就会进入商品详情页面,如图 8-7 所示。

图 8-7　商品详情页

在该页面中,可以看到商品的图文介绍,可以修改购买的数量,也可以直接下单付款。

8.2.6 购物车页面

消费者可以在查看商品时把商品放到购物车中，然后统一结算，如图 8-8 所示。

图 8-8 购物车页面

8.2.7 支付页面

用户可以在购物车中进行支付，也可以在商品购买页中进行支付，如图 8-9 所示。

图 8-9 支付页面

在支付页面需要显示商品的各种信息、待付金额、用户的收货地址等。确定全部信息无误后，即可进入微信支付页面。

8.2.8 我的页面

用户在首页点击"我的"，即可进入我的页面，如图 8-10 所示，可以看到自己的头像、微信昵称及历史下单记录。

8.2.9 我的订单列表页面

用户在我的页面中点击"我的订单"，即可进入我的订单页面，如图 8-11 所示。

图 8-10　我的页面

图 8-11　我的订单页面

在我的订单页面可以看到历史订单、每个订单的编号、内容和支付状态等信息。

8.2.10 总　结

这些原型图直接勾勒出我们要做的项目。

8.3　准备 3：微信的相关账号和开发者工具

8.3.1 微信相关账号的申请

因为微信的 H5 页面会涉及一些功能（登录、分享等），所以需要事先了解一下微信的产品家族：

- 微信公众平台：包括服务号、订阅号。网址为 https://mp.weixin.qq.com。
- 微信开放平台：为手机 App 提供登录分享等操作。网址为 https://open.weixin.qq.com/。
- 微信商户平台：提供微信支付功能。网址为 https://pay.weixin.qq.com。

另外，每申请一个账号，就要把用户名和密码记下来。以上三个平台的账号都是独立的，并且每个账号中有自己的 AppID、AppKey、AppSecret 等各种机密的秘钥。这些账号一定要妥善保管好，不能混淆，否则会为调试带来很大的困扰。

对于公司来说，需要准备好相关的证照，并且在对应的时间内使用公司账号付款给微信。由于过程比较烦琐，因此这里将申请的步骤省略。

下面我们假设已经成功申请到了微信的相关账户，公众平台上的是"服务号"且具备支付功能。

8.3.2 微信开发者工具

由于微信自带浏览器的特殊性（一定会自带 weixin openid 等微信独有的信息），会导致我们平时使用的普通浏览器在开发微信相关功能时（授权、分享、支付等）无法使用，因此需要下载微信开发者工具。

这个工具地址为 https://developers.weixin.qq.com/miniprogram/dev/devtools/download.html。如果网址有变化，也可以自行百度搜索"微信开发者工具"。下载页面如图 8-12 所示。

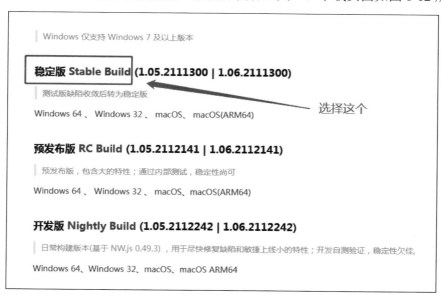

图 8-12 下载页面

下载完成后，双击开始安装。安装后会出现登录页面，如图 8-13 所示。

图 8-13 登录页面

微信扫描二维码后可以看到有两个入口：一个是微信小程序，另一个是公众号网页项目，如图 8-14 所示。

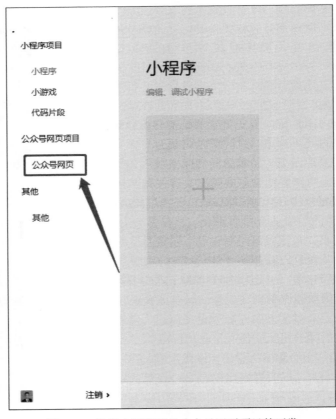

图 8-14 选择小程序还是公众号网页项目的开发

点击公众号网页项目,可以看到界面几乎与浏览器的开发者工具一样,并且提供了额外的功能:

- 左上角提供了 WiFi 的信号选择。
- 右上角提供了"清缓存"功能。
- 左上角可以看到当前登录的微信用户图标。

如图 8-15 所示。

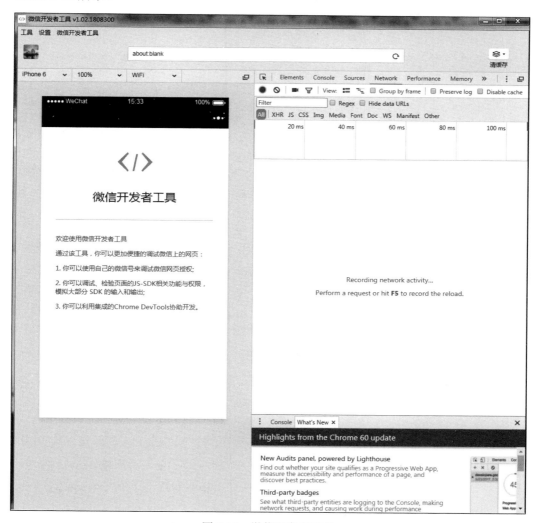

图 8-15　微信开发者工具

建议 Linux 环境开发的读者,暂时回到 Windows 的开发环境,因为 Linux 下没有官方提供的微信开发者工具。

8.4 项目的搭建

注意，从本节开始，只是摘录部分核心代码。完整代码请看：https://github.com/sg552/vue3_book_last_chapter_demo_frontend。

代码如图 8-16 所示。

图 8-16　本章 Demo 代码

创建一个基于 Webpack 模板的新项目：

```
$ vue create shop_h5
```

根据提示，依次选择 Vue 的版本等（参看 3.5.2 节 "创建基于 Webpack 的 Vue.js 项目"）。

安装依赖：

```
$ cd shop_h5 && cnpm install
```

在本地以默认端口来运行：

```
$ npm run serve
```

可以看到本地服务器已经运行起来了。在这个阶段，只需要修改它的标题就可以。打开根目录下的 index.html，修改其内容如下：

```html
<!DOCTYPE html>
<html>
  <head>
    <meta charset="utf-8">
    <meta content="yes" name="apple-mobile-web-app-capable">
    <meta content="yes" name="apple-touch-fullscreen">
    <meta content="telephone=no" name="format-detection" />
    <meta content="email=no" name="format-detection" />
    <meta content="width=device-width, initial-scale=1.0, maximum-scale=1.0, user-scalable=no" name="viewport" />
    <link rel="shortcut icon" href="data:image/x-icon;," type="image/x-icon">
    <link rel="icon" type="image/png" href="data:image/png;base64,iVBORw0KGgo=">
    <title>丝路商城Vue3版本</title>
  </head>
  <!-- 这里是核心代码 -->
  <body>
    <div id="app"></div>
  </body>
</html>
<style>
html, body {
  height: 100%;
  width: 100%;
}
</style>
```

使用浏览器打开后，就可以看到一个没有内容的 Vue.js 应用已经运行起来了。

8.5 用户的注册和微信授权

为了追求快速上线，项目组决定去掉传统项目中的用户注册和用户登录页面，直接使用微信授权来实现。

- 用户的微信浏览器会把当前微信用户的 open_id 传递给后台服务器。
- 后台服务器给微信服务器发送请求,获得当前微信用户的信息。
- 后台服务器为该用户生成一个用户文件。
- 后台服务器告知 H5 端已经成功注册该用户。
- H5 端为该用户展示对应的页面。

通过微信授权来注册的过程如图 8-17 所示。

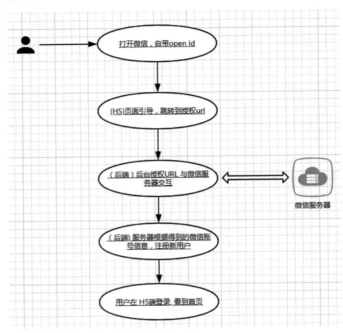

图 8-17　通过微信授权来注册的过程

由图中可以看出,主要代码都是在服务器端实现的。

1. 用户打开首页后直接跳转到后台服务器

(1) 修改路由文件 src/router/index.js

```
import { createRouter, createWebHistory } from 'vue-router'
import WaitToAuth from '@/views/wait_to_auth'

const routes = [
  {
    path: '/wait_to_auth',
    name: 'wait_to_auth',
    component: WaitToAuth
  }
```

```
  ]
const router = createRouter({
  history: createWebHistory(process.env.BASE_URL),
  routes
})

export default router
```

（2）增加 src/views/wait_to_auth.vue

```
<template>
  <div style="padding: 50px;">
    <h3>正在跳转到授权界面...</h3>
  </div>
</template>

<script>
import { useStore } from 'vuex'
  export default {
    mounted () {
      window.location.href = this.$store.state.web_share + "/auth/wechat"
    },
    components: {
    },
    store: useStore()
  }
</script>
```

上面的代码使用了 Vuex 来保存系统变量。

（3）增加核心模板文件 src/App.vue

```
<template>
  <router-view></router-view>
</template>

<script>
import store from './vuex/store'
```

```js
import { SET_BASEINFO, GET_BASEINFO } from './vuex/mutation_types'
import { useStore } from 'vuex'

export default {
  data () {
    return {
      open_id: undefined
    }
  },
  store: useStore(),
  // mounted()方法会对当前用户的 open_id 进行判断
  mounted () {
    // 考虑到对一些安卓机型的兼容,这里使用了原生 JS 的方式来获取参数
    this.open_id = new URL(location.href).searchParams.get("open_id")
    // 如果 open_id 存在,就跳转到首页;
    if (this.open_id) {
      this.$store.dispatch(SET_BASEINFO, {open_id: this.open_id})
    }
    // 如果 open_id 不存在,表示该用户是新用户,就需要跳转到授权等待页面
    else {
      this.$store.dispatch(SET_BASEINFO)
      if (this.$store.state.userInfo.open_id === undefined) {
        console.info('--- 用户 id 和 open_id 不存在,跳转到授权等待页面,这个页面需要在微信开发工具中调试。无法在普通浏览器中使用')
        this.$router.push({name: 'wait_to_auth'})
      } else {
        console.info('已经有了 BASEINFO')
      }
    }
  },
  watch: {
    '$route' (val) {
    }
  },
  methods: { },
  components:{ }
```

```
}
</script>
<!-- 下方的 CSS 略过 -->
```

（4）增加对应的 Vuex 代码

目前来看，Vuex 需要保存两个信息：用户的 open id 和远程服务器的地址、端口等常量。

（5）增加 src/vuex/store.js 文件

这是最核心的文件。其完整代码如下：

```
import { createStore } from 'vuex'
import { INCREASE } from '@/vuex/mutation_types'

import userInfo from '@/vuex/modules/user_info'
import products from '@/vuex/modules/products'
import shopping_car from '@/vuex/modules/shopping_car'

import * as actions from '@/vuex/actions'
import * as getters from '@/vuex/getters'

const debug = process.env.NODE_ENV !== 'production'

export default createStore({
  state: {
    web_share: 'http://shopweb.sweetysoft.com',
    h5_share: 'http://shopweb.sweetysoft.com/?#'
  },
  actions,
  getters,
  modules: {
    products,
    shopping_car,
    userInfo,
  },
  strict: debug,
  middlewares: debug ? [] : []
})
```

在上面的代码中，部分代码在后面会陆续用到。不用过多考虑，只需要关注下面几行代码：

```
export default new Vuex.Store({
  // 这里定义了若干系统常量
  state: {
    web_share: 'http://shopweb.sweetysoft.com',
    h5_share: 'http://shopweb.sweetysoft.com/?#'
  },
  modules: {
    // 这里定义了当前用户的各种信息，我们把它封装成一个 JS 对象
    userInfo,
  },
})
```

（6）增加 vuex/modules/user_info.js 文件

该文件定义了用户信息的各种属性，代码如下：

```
import {
  SET_BASEINFO,
  CLEAR_BASEINFO,
  GET_BASEINFO,
  COMMEN_ROLE,
  GET_BGCOLOR,
  GET_FONTCOLOR,
  GET_BORDERCOLOR,
  GET_ACTIVECOLOR,
  EXCHANGE_ROLE
} from '@/vuex/mutation_types'

// state 很重要，定义了保存在 Vuex 中的各种信息，例如 open_id
const state = {
  id: undefined, //用户 id
  open_id: undefined, // 用户 open_id
  role: undefined
}

// mutations 可以让 Vue.js 的代码调用 Vuex 的方法，通过 mutations 就可以
// 改变 Vuex 中保存的各种信息的"值"
const mutations = {
```

```js
    // 设置用户个人信息
    [SET_BASEINFO] (state, data) {
      try {
        state.id = data.id
        state.open_id = data.open_id
        state.role = data.role
      } catch (err) {
        console.log(err)
      }
    },
    // 注销用户操作
    [CLEAR_BASEINFO] (state) {
      console.info('清理缓存')
      window.localStorage.clear()
    }
}

// getter 的定义同 java 中的定义，就是获得某个对象的方法，是"只读"的方法
const getters = {
  [GET_BASEINFO]: state => {
    let localStorage = window.localStorage
    let user_info
    if (localStorage.getItem('SLLG_BASEINFO')) {
      console.info('有数据')
      user_info = JSON.parse(localStorage.getItem('SLLG_BASEINFO'))
    } else {
      console.info('没有数据')
    }
    return user_info
  },
}
const actions = {
  [SET_BASEINFO] ({ commit, state }, data) {
    // 保存信息
    if (data !== undefined) {
      console.info('data 有内容:', data)
```

```
      let localStorage = window.localStorage
      localStorage.setItem('BASEINFO', JSON.stringify(data))
      commit(SET_BASEINFO, data)
    } else {
      console.info('data 是空的')
      if (localStorage.getItem('BASEINFO')) {
        console.info('localStorage 有数据')
        data = JSON.parse(localStorage.getItem('BASEINFO'))
        console.info("-- in user_info.js, data:", data)
        commit(SET_BASEINFO, data)
      } else {
        console.info('localStorage 没有数据')
      }
    }
  }
}
export default {
  state,
  mutations,
  actions,
  getters
}
```

（7）增加 src/vuex/mutation_types.js 文件

该文件定义了对象的两个操作，内容如下：

```
export const SET_BASEINFO = 'SET_BASEINFO'
export const GET_BASEINFO = 'GET_BASEINFO'
```

（8）增加 src/vuex/actions.js 文件

该文件对 mutation_types 进行了引用，内容如下：

```
import * as types from './mutation_types'
```

（9）增加 src/vuex/modules/getters.js 文件

内容为空：

```
// 这里内容先空着，后续这里会放入购物车的相关方法
```

2. 与后端的对接

后端为我们提供了一个链接，http://shopweb.sweetysoft.com/auth/wechat 可作为授权页面。

我们让 H5 页面直接跳转到该链接即可，不需要添加任何参数。

3. 效果图

在微信开发者工具中打开页面，发现页面会自动跳转。合计两次：

第一次跳转到 http://shopweb.sweetysoft.com/auth/wechat。

第二次跳转到 https://open.weixin.qq.com/connect/oauth2/authorize…。

微信授权页面如图 8-18 所示。

图 8-18　微信授权页面

点击"确认登录"按钮，进行授权后，就会进入到 H5 的首页。

4. 总结

本节为了让用户跳转到微信授权页面并自动注册，我们做了如下程序层面的内容：

- 使用 Vuex 记录系统常量（远程服务器的地址）。
- 使用 Vuex 记录用户的信息（新增了一个对象 user_info）。
- 使用了一个独立的页面（等待微信授权页面）。
- 每次打开首页之前，都要判断该用户是否登录。
- （后端）让该用户在微信端授权并自动注册，然后把数据返回给前端。

本节对于后端的是个挑战，需要对微信返回的数据结构和微信配置非常熟悉。由于本书篇幅所限,所以省略后端内容的讲解。

8.6 登录状态的保持

对于经典的 Web 开发,都是把当前用户的信息保存到 session 中,需要的时候读取。

对于前端,从理论上讲有以下两种方式:

- 读取 cookie(适合所有 H5 框架)。
- 读取 Vuex(适合 Vue.js)。

1. 简单版:使用 cookie

cookie 是明文存储,可以通过调用 document.cookie 来操作。打开浏览器 console,输入:

```
document.cookie
```

结果如下:

```
"TY_SESSION_ID=fad74371-40d1-444b-9d1c-5dd33c086b20;
uuid_tt_dd=10_37220323210-1535781572649-914811;
dc_session_id=10_1535781572649.670168;
Hm_lvt_6bcd52f51e9b3dce32bec4a3997715ac=1535781569,1535873915; dc_tos=pef3wv;
Hm_lpvt_6bcd52f51e9b3dce32bec4a3997715ac=1535873935"
```

这里面有哪些内容就一目了然了。所以从安全性的角度来看,用户的登录信息如果放在 cookie 中就容易被人盗走。

2. 使用 Vuex

一旦熟悉了的 Vuex 写法,还是很容易使用的。

另外,Vuex 会对很多信息进行封装和作用域的判断,提高了安全性。

在上面的 App.vue 文件中的<script>部分就包含了 mounted()方法,该方法会在页面每次打开的时候都会运行,也就是检查当前用户是否登录。

核心的代码包括保存信息和读取信息。

保存信息的代码如下:

```
this.$store.dispatch(SET_BASEINFO, {open_id: this.open_id})
```

读取信息的代码如下:

```
this.$store.state.userInfo.open_id
```

8.7 首页轮播图

用户登录到首页之后，首先注意到的就是轮播图，下面就为首页增加该功能。

1. 增加路由

在路由文件 src/router/index.js 的对应位置增加如下代码：

```
import Index from '@/views/shops/index'

const routes = [
  {
    path: '/',
    name: 'Root',          // 注意这个 name 不能与其他路由的 name 重复
    component: Index       // 这个 Index 就是上面引用的变量
  }
]
const router = createRouter({
  history: createWebHistory(process.env.BASE_URL),
  routes
})
export default router
```

2. 增加 Vue 页面

增加 src/views/shops/index.vue，内容如下：

```
<template>
  <div class="background">
    <div class="home">
      <div class="m_layout">
        <!-- 轮播图-->
        <HomeBannerView></HomeBannerView>
        <!--导航-->
        <HomeNavView></HomeNavView>
        <!--商品区-->
        <span class="divider" style="height: 4px;"></span>
        <div class="product_top">
```

```html
        <div class="product_left">
          <div>商品列表</div>
        </div>
      </div>
      <span class="divider" style="height: 2px;"></span>
      <SpecialMarket :id="good.id" :name="good.name"
        :description="good.description"
        :image_url="good.image_url" v-for="good in goods">
      </SpecialMarket>
    </div>
  </div>
  <NavBottomView :is_shops_index="is_shops_index"></NavBottomView>
 </div>
</template>
<script>
import HomeHeaderView from '@/components/HomeHeader.vue';
import HomeBannerView from '@/components/HomeBanner.vue';
import HomeNavView from '@/components/HomeNav.vue';
import HomeMainView from '@/components/HomeMain.vue';
import SpecialMarket from '@/components/SpecialMarket.vue';
import {bindEvent,scrollPic} from '@/libs/index.js'
import NavBottomView from '@/components/NavBottom.vue';
const axios = require('axios');

export default{
  data () {
    return {
      goods: [],              // 定义了goods，对应售卖的各种商品
      is_shops_index: true,   // 当前页面是否是商城的首页
    }
  },
  // 定义了各种组件
  components:{
    HomeHeaderView,
    HomeBannerView,
    HomeNavView,
```

```
    HomeMainView,
    SpecialMarket,
    NavBottomView
  },
  mounted () {
    console.info("=== hi, views/shops/index.vue ")
    scrollPic();            // 让轮播图开始滚动
    this.loadPage ();       // 访问各种资源，例如商品信息的接口
  },
  computed: { },
  methods: {
    // 加载当前页面用到的各种商品
    loadPage () {
      axios.get(this.api + '/goods/get_goods').then((response)=>{
        this.goods= response.data.goods
      },(error) => {
        console.error(error)
      });
    },
  }
}
</script>
```

上面的代码中，先读取了一个 API，然后渲染数据并调用首页的轮播图。

3. 增加轮播图组件

做开发的核心方法论：不要造轮子。一定要造轮子的话，先搜索是否有现成的。而轮播图是最常见的组件之一，所以一定有其他人写好的第三方包，我们直接拿来用就可以了。

（1）增加轮播图的组件

在 src/views/shops/index.vue 中增加：

```
import {bindEvent,scrollPic} from '@/libs/index.js'
```

（2）增加对应的文件 libs/index.js

这个文件的内容无须刻意去写，只要会用即可。

```
// 定义了一个快速获得元素的方法
function $id(id) {
```

```javascript
        return document.getElementById(id);
}
// 最核心方法
function bindEvent() {
    var sea = $id("my_search");
    /*banner 对象*/
    var banner = $id("my_banner");
    /*高度*/
    var height = banner.offsetHeight;
    window.onscroll = function() {
        var top = document.body.scrollTop;
        /*当滚动高度大于banner的高度时颜色不变*/
        if (top > height) {
            sea.style.background = "rgba(201,21,35,0.85)";
        } else {
            var op = top / height * 0.85;
            sea.style.background = "rgba(201,21,35," + op + ")";
        }
    };
}
// 让轮播图滚动
function scrollPic() {
    var imgBox = document.getElementsByClassName("banner_box")[0];
    var width = $id("my_banner").offsetWidth;
    var pointBox = document.getElementsByClassName("point_box")[0];
    var ols = pointBox.children;
    var indexx = 1;
    var timer = null;
    var moveX = 0;
    var endX = 0;
    var startX = 0;
    var square = 0;
    // 定义 transition
    function addTransition() {
        imgBox.style.transition = "all .3s ease 0s";
        imgBox.style.webkitTransition = "all .3s ease 0s";
```

```javascript
}
// 删除transition
function removeTransition() {
    imgBox.style.transition = "none";
    imgBox.style.webkitTransition = "none";
}
// 设置transition
function setTransfrom(t) {
    imgBox.style.transform = 'translateX(' + t + 'px)';
    imgBox.style.webkitTransform = 'translateX(' + t + 'px)';
}


// 开始动画部分
pointBox.children[0].className = "now";
for (var i = 0; i < ols.length; i++) {
    ols[i].index = i; // 获得轮播图当前显示内容对应的小圆点（li 标签）的索引位置
    ols[i].onmouseover = function() {
        // 所有的都要清空
        for (var j = 0; j < ols.length; j++) {
            ols[j].className = "";
        }
        this.className = "now";
        setTransfrom(-indexx * width);
        square = indexx;
    }
}
timer = setInterval(function() {
    indexx++;
    addTransition();
    setTransfrom(-indexx * width);
    // 小方块
    square++;
    if (square > ols.length - 1) {
        square = 0;
    }
    // 先清除所有的
```

```javascript
        for (var i = 0; i < ols.length; i++)
        {
            ols[i].className = "";
        }
        // 留下当前的
        ols[square].className = "now";
}, 3000);

imgBox.addEventListener('transitionEnd', function() {
    if (indexx >= 9) {
        indexx = 1;
    } else if (indexx <= 0) {
        indexx = 8;
    }
    removeTransition();
    setTransfrom(-indexx * width);
}, false);

imgBox.addEventListener('webkitTransitionEnd', function() {
    if (indexx >= 9) {
        indexx = 1;
    } else if (indexx <= 0) {
        indexx = 8;
    }
    removeTransition();
    setTransfrom(-indexx * width);
}, false);

/**
 * 触摸事件开始
 */
imgBox.addEventListener("touchstart", function(e) {
    console.log("开始");
    var event = e || window.event;
    //记录开始滑动的位置
    startX = event.touches[0].clientX;
```

```javascript
}, false);

/**
 * 触摸滑动事件
 */
imgBox.addEventListener("touchmove", function(e) {
    console.log("move");
    var event = e || window.event;
    event.preventDefault();

    //清除定时器
    clearInterval(timer);
    //记录结束位置
    endX = event.touches[0].clientX;
    //记录移动的位置
    moveX = startX - endX;
    removeTransition();
    setTransfrom(-indexx * width - moveX);
}, false);

/**
 * 触摸结束事件
 */
imgBox.addEventListener("touchend", function() {
    console.log("end");
    //如果移动的位置大于三分之一，并且是移动过的
    if (Math.abs(moveX) > (1 / 3 * width) && endX != 0) {
        //向左
        if (moveX > 0) {
            indexx++;
        } else {
            indexx--;
        }
        //改变位置
        setTransfrom(-indexx * width);
    }
```

```
        //回到原来的位置
        addTransition();
        setTransfrom(-indexx * width);
        //初始化
        startX = 0;
        endX = 0;

        clearInterval(timer);
        timer = setInterval(function () {
            indexx++;
            square++;
            if (square > ols.length - 1) {
                square = 0;
            }
            // 先清除所有的
            for (var i = 0; i < ols.length; i++)
            {
                ols[i].className = "";
            }
            // 留下当前的
            ols[square].className = "now";
            addTransition();
            setTransfrom(-indexx * width);

        // 每3秒钟轮播图变化一次
        }, 3000);
    }, false);
};
// 把两个最核心的方法导出
module.exports = {
    bindEvent,
    scrollPic
}
```

（3）轮播图的视图层

增加 src/components/HomeBanner.vue 文件，代码如下：

```html
<template>
    <div class="home_ban">
        <div class="m_banner clearfix" id="my_banner">
            <ul class="banner_box">
                <!-- 更改这里就可以替换轮播图的图片了 -->
                <li><img src="http://files.sweetysoft.com/image/silulegou/2FgHsjCz7qfpSQr0.jpeg"/></li>
                <li><img src="http://files.sweetysoft.com/image/silulegou/uJawxX6H3PBRcfMO.jpeg"/></li>
            </ul>
            <ul class="point_box" >
                <li></li>
                <li></li>
            </ul>
        </div>
    </div>
</template>
```

这个 Component 的内容非常简单，只是轮播图的 View。调用代码如下：

```html
<HomeBannerView></HomeBannerView>
```

4. 增加物品分类

增加 src/components/HomeNav.vue：

```html
<template>
    <div class="home_n">
        <nav class="m_nav">
            <ul>
                <li class="nav_item">
                    <a href="#" class="nav_item_link">
                        <img src="../assets/images/nav0.png" alt="">
                        <span>草原特色肉</span>
                    </a>
                </li>
                <li class="nav_item">
                    <a href="#" class="nav_item_link">
                        <img src="../assets/images/nav1.png" alt="">
                        <span>特色干果</span>
                    </a>
```

```
                </li>
                <li class="nav_item">
                    <a href="#" class="nav_item_link">
                        <img src="../assets/images/nav9.png" alt="">
                        <span>特色瓜子</span>
                    </a>
                </li>
                <li class="nav_item">
                    <a href="#" class="nav_item_link">
                        <img src="../assets/images/nav8.png" alt="">
                        <span>特色大米</span>
                    </a>
                </li>
            </ul>
        </nav>
    </div>
</template>
```

调用代码如下:

```
<HomeNavView></HomeNavView>
```

5. 效果图

默认页面效果如图 8-19 所示。3 秒之后轮播图发生了滚动，如图 8-20 所示。

图 8-19　默认页面效果

图 8-20　轮播图发生滚动

6. 总结

我们使用了轮播图组件，实现起来非常简单。步骤如下：

（1）复制对应组件的 JS 文件到 src/lib 文件夹。

（2）复制对应组件的 Vue 文件到 src/components 文件夹。

（3）在对应的 Vue 文件中调用即可。

8.8 底部 Tab

页面的底部 Tab 是非常重要的部分，几乎所有的 H5 项目都会用到。

1. 在首页中引用底部 Tab

```
<template>
  <div class="background">
    <div class="home">
      <div class="m_layout">
        <!-- 轮播图-->
        <HomeBannerView></HomeBannerView>
      </div>
    </div>
    <!-- 这里就是底部 Tab -->
    <NavBottomView :is_shops_index="is_shops_index"></NavBottomView>
  </div>
</template>
<script>
    // 这里就是底部 Tab 对应的 Vue 文件
    import NavBottomView from '../../components/NavBottom.vue';
</script>
```

2. 增加对应的 Component 文件

增加/components/NavBottom.vue 文件，代码如下：

```
<template>
  <div class="footer">
    <footer class="fixBottomBox">
      <ul>
        <router-link tag="li" to="/" class="tabItem">
          <a href="javascript:;" class="tab-item-link" v-if="is_shops_index">
```

```html
            <img src="../assets/footer01.png" alt="" class="tabbar-logo">
            <p class="tabbar-text" style="color: rgba(234, 49, 6, 0.66);">首页</p>
          </a>
          <a href="javascript:;" class="tab-item-link" else>
            <img src="../assets/footer001.png" alt="" class="tabbar-logo">
            <p class="tabbar-text">首页</p>
          </a>
        </router-link>
        <router-link tag="li" to="/shops/category" class="tabItem">
          <a href="javascript:;" class="tab-item-link" v-if="is_category">
            <img src="../assets/footer02.png" alt="" class="tabbar-logo">
            <p class="tabbar-text" style="color: rgba(234, 49, 6, 0.66);">分类</p>
          </a>
          <a href="javascript:;" class="tab-item-link" else>
            <img src="../assets/footer002.png" alt="" class="tabbar-logo">
            <p class="tabbar-text">分类</p>
          </a>
        </router-link>
        <router-link tag="li" to="/cart" class="tabItem">
          <a href="javascript:;" class="tab-item-link" v-if="is_cart">
            <img src="../assets/footer03.png" alt="" class="tabbar-logo">
            <p class="tabbar-text" style="color: rgba(234, 49, 6, 0.66);">购物车</p>
          </a>
          <a href="javascript:;" class="tab-item-link" else>
            <img src="../assets/footer003.png" alt="" class="tabbar-logo">
            <p class="tabbar-text">购物车</p>
          </a>
        </router-link>
        <router-link tag="li" to="/mine" class="tabItem">
          <a href="javascript:;" class="tab-item-link" v-if="is_mine">
            <img src="../assets/footer04.png" alt="" class="tabbar-logo">
            <p class="tabbar-text" style="color: rgba(234, 49, 6, 0.66);">我的</p>
```

```html
            </a>
            <a href="javascript:;" class="tab-item-link" else>
              <img src="../assets/footer004.png" alt="" class="tabbar-logo">
              <p class="tabbar-text">我的</p>
            </a>
        </router-link>
      </ul>
    </footer>
  </div>
</template>

<script>
export default{
  data () {
    return {
    }
  },
  props: {
    is_shops_index: Boolean,
    is_category: Boolean,
    is_cart: Boolean,
    is_mine: Boolean,
  },
  mounted () {
  },
  computed: {
  },
  methods: {
  }
}
</script>
```

最终效果如图 8-21 所示。

图 8-21　底部 Tab 效果图

3. 总结

底部 Tab 很简单也很重要。本节页面使用了 Component 实现，然后在其他页面重用。

8.9 商品列表页

因为商品列表出现在首页和列表页，所以可以直接把它做成组件。
下面以首页中引用为例进行讲解。

1. 在首页中添加代码

```
<template>
 <div class="background">
  <div class="home">
   <div class="m_layout">
    <div class="product_top">
     <div class="product_left">
      <div>商品列表</div>
     </div>
    </div>
    <span class="divider" style="height: 2px;"></span>
```

```
    <!-- 这里循环显示特产商品列表 -->
    <SpecialMarket :id="good.id" :name="good.name"
      :description="good.description" :image_url="good.image_url"
      v-for="good in goods">
    </SpecialMarket>
   </div>
  </div>
  <NavBottomView :is_shops_index="is_shops_index"></NavBottomView>
 </div>
</template>
<script>
    // 在这里引入特产 Component
    import SpecialMarket from '../../components/SpecialMarket.vue';
</script>
```

核心代码如下：

```
<!-- 这里循环显示特产商品列表 -->
<SpecialMarket :id="good.id" :name="good.name" :description="good.description"
 :image_url="good.image_url" v-for="good in goods"></SpecialMarket>
```

上面代码使用了 v-for 和 Component 的组合。

2. 在 Component 中添加文件

添加文件 src/components/SpecialMarket.vue。

```
<template>
  <div>
    <div @click="show_goods_details" class="fu_li_zhuan_qu" >
      <img :src="image_url" class="logo_image"/>
      <div class="content" >
        <div class="title">
          {{name}}
        </div>
        <div class="logo_and_shop_name">
          <span v-html="description"></span>
        </div>
      </div>
```

```
    </div>
    <span class="divider" style="height: 2px;"></span>
  </div>
</template>
<script>
   import { go } from '../libs/router'
   export default{
      data(){
         return {}
      },
      props: {
        id: Number,
        name: String,
        description: String,
        image_url: String,
      },
      mounted(){},
      methods:{
       show_goods_details () {
         console.info(this.id)
         go("/shops/goods_details?good_id=" + this.id, this.$router)
        },
      },
      components:{
      },
   }
</script>
```

可以看到，该段代码会接受一个数组，然后循环显示。点击某个商品就会跳转到该商品的详情页面。

3. 总结

这里的实现工作非常简单，用到的是基础知识。

8.10 商品详情页

当用户在商品列表页面中点击某个商品时,就会跳转到该页面。

1. 新增路由

在 src/router/index.js 中增加如下代码:

```
import GoodsDetails from '@/views/shops/goods_details'
// ...
const routes = [
  {
    path: '/shops/goods_details',  // 这里定义了路由
    name: 'GoodsDetails',
    component: GoodsDetails
  }
]
// ...
```

2. 新增 Vue 页面

在 src/views/shops/goods_details.vue 中增加如下代码:

```
<template>
  <div class="background">
    <div class="goods_detail" style="height: 100%;">
      <header class="top_bar">
        <a onclick="window.history.go(-1)" class="icon_back"></a>
        <h3 class="cartname">商品详情</h3>
      </header>
      <div class="tast_list_bd" style="padding-top: 44px;">
        <main class="detail_box">

          <!-- 页面上部分的轮播图,会对商品的图片滚动显示 -->
          <div class="home_ban">
            <div class="m_banner clearfix" id="my_banner">
              <ul class="banner_box" >
                <div v-for="image in good_images">
```

```html
            <li><img :src="image" alt="" style="height: 300px"/></li>
          </div>
          <div v-for="image in good_images">
            <li><img :src="image" alt="" style="height: 300px"/></li>
          </div>
        </ul>
        <ul class="point_box" >
          <li></li>
          <li></li>
          <li></li>
          <li></li>
          <li></li>
        </ul>
      </div>
    </div>
    <!-- 对商品的价格等信息进行展示 -->
    <section class="product_info clearfix">
      <div class="product_left">
        <p class="p_name">{{good.name}}</p>
        <div class="product_pric">
          <span>¥</span>
          <span class="rel_price">{{good.price}}</span>
          <span></span>

          <span style='color: grey;
          text-decoration: line-through;
          font-size: 18px;
          margin-left: 14px;'>
            原价: ¥{{good.original_price}}
          </span>
        </div>
      </div>
    </section>

    <span class="divider" style="height: 2px;"></span>
```

```html
      <!-- 让用户输入数量 -->
      <div id="choose_number" style= "height: 40px; background-color: #fff;">
        <label style="font-size: 18px; float: left; margin-left: 10.5px;margin-top: 7.5px;">购买数量</label>
        <div style= "padding-top: 5px;">
          <img src="../../assets/add@2x.png" style="margin-right: 10px;display: inline;float:right;width:30px;" class="plus" @click="plus"/>
          <input pattern="[0-9]*" v-model="buy_count" type="text" name="counts" style="width:30px;display: inline;float:right;border: 0.5px solid #e2e2e2;line-height:28px;text-align:center;"/>
          <img src="../../assets/minus@2x.png" style="display: inline;float:right;width:30px;" class="minus" @click="minus"/>
        </div>
      </div>
      <!-- 商品的详细介绍，图片文字等，信息都来自于后端接口 -->
      <section class="product_intro">
        <div class="pro_det" v-html="good.description" style='padding: 0 6.5px;'>
        </div>
      </section>
    </main>
  </div>
  <!-- 底部购物车 -->
  <footer class="cart_d_footer">
    <div class="m">
     <ul class="m_box">
       <li class="m_item">
         <a @click="toCart" class="m_item_link">
           <em class="m_item_pic three"></em>
           <span class="m_item_name">购物车</span>
         </a>
       </li>
     </ul>
     <div class="btn_box clearfix" >
       <a @click="addToCart" class="buy_now">加入购物车</a>
       <a @click="zhifu" class="buybuy">立即购买</a>
```

```
            </div>
        </div>
      </footer>


    </div>
  </div>
</template>
<script>
import { go } from '../../libs/router'
import {scrollPic} from '../../libs/index.js'
import { useStore } from 'vuex'
const axios = require('axios');


    export default{
        data(){
            return {
                good_images: [],
                good: "",
                buy_count: 1,
                good_id: this.$route.query.good_id,
            }
        },
        watch:{ },
        mounted(){
            // 页面加载后轮播图就开始滚动
            scrollPic();
            // 向后端接口发起请求
            axios.get(this.api + '/goods/goods_details?good_id=' +
this.good_id).then((response)=>{
                this.good = response.data.good
                this.good_images = response.data.good_images
            },(error) => {
                console.error(error)
            });
        },
        methods:{
```

```js
//方法：加入购物车
addToCart () {
  let good = {
    id: parseInt(this.good_id),
    title: this.good.name,
    quantity: this.buy_count,
    price: this.good.price,
    image: this.good_images[0]
  }
  // 这里会调用 Vuex 的方法
  this.$store.dispatch('addToCart', good)
  alert("商品已经加入到了购物车")
},
// 点击后会跳转到购物车的详情页面
toCart () {
  go("/cart2", this.$router)
},
// 增加购买的商品数量
plus () {
  this.buy_count = this.buy_count + 1
},
// 减少购买商品的数量
minus () {
  if(this.buy_count > 1) {
    this.buy_count = this.buy_count - 1
  }
},
// 点击"支付"按钮后触发的行为
zhifu () {
  go("/shops/dingdanzhifu?good_id=" + this.good_id + "&buy_count=" + this.buy_count, this.$router)
},
},
components: {},
computed: {},
store: useStore()
```

```
        }
</script>
```

在上面的代码中:

- 实现了加入购物车的方法。
- 实现了对于支付页面的跳转。
- 实现了从远程接口读取数据。

3. 添加商品到购物车

在 src/views/shops/goods_details.vue 中添加如下代码，实现把某个商品添加到购物车的功能。

```
addToCart () {
    alert("商品已经加入到了购物车")
    let goods = {
        id: this.good_id,
        title: this.good.name,
        quantity: this.buy_count,
        price: this.good.price,
        image: this.good_images[0]
    }
    this.$store.dispatch('addToCart', goods)
},
```

我们还需要在 src/vuex/actions.js 中添加如下代码：

```
export const addToCart = ({ commit }, product) => {
    commit(types.ADD_TO_CART, {
        id: parseInt(product.id),
        image: product.image,
        title: product.title,
        quantity: product.quantity,
        price: product.price
    })
}
```

最终效果如图 8-22 所示。

图 8-22　商品详情页效果图

4. 总结

这个页面包含的知识点比较多，购物车使用了 Vuex 来保存数据。

进入支付页面，在后面会详述。本页面使用了后台提供的接口，会返回必要的数据。接口结构略去。

8.11　购物车

购物车具备以下两个功能：

- 保存用户需要的数据。
- 清空商品。

所以使用 Vuex 来实现非常合适。

1. 添加路由

在文件 src/router/index.js 中增加如下代码：

```
import Cart from '@/components/Cart'
// ...
  routes: [
    {
      path: '/cart',
```

```
    name: 'Cart',
    component: Cart
  },
]
// ...
```

2. 添加查看页面

新增 src/components/Cart.vue 文件，代码如下：

```
<template>
  <div class="background">
    <div id="my_cart">
      <CartHeaderView></CartHeaderView>
      <CartMainView></CartMainView>
      <NavBottomView :is_cart="is_cart"></NavBottomView>
    </div>
  </div>
</template>

<style scoped>
@import '../assets/css/cart.css';
.background {
  margin-bottom: 30px;
}
</style>

<script>
import CartHeaderView from './CartHeader.vue';
import CartMainView from './CartMain.vue';
import CartFooterView from './CartFooter.vue';
import NavBottomView from './NavBottom.vue';

export default{
  data () {
    return {
      is_cart: true
```

```
    }
  },
  mounted(){

  },
  components:{
    CartHeaderView,
    CartMainView,
    CartFooterView,
    NavBottomView
  }
 }
</script>
```

3. 增加对应的组件

（1）新增购物车的头部文件 src/components/CartHeader.vue，代码如下：

```
<template>
    <div id="carttp">
        <header class="top_bar">
        <a onclick="window.history.go(-1)" class="icon_back"></a>
        <h3 class="cartname">购物车</h3>
        </header>
    </div>
</template>
```

（2）新增购物车的主体内容 src/components/CartMain.vue，代码如下：

```
<template>
        <main class="cart_box">
    <p v-show="!products.length"><i>请选择商品加入到购物车</i></p>
            <div class="cart_content clearfix" v-for="item in products" style="position: relative;">
                <div class="cart_shop clearfix">
                    <div class="cart_check_box">
                        <div class="check_box" checked>
                        </div>
                    </div>
                    <div class="shop_info clearfix">
```

```html
                        <span class="shop_name" style="font-size: 14px;">丝路乐购新
疆商城</span>
                </div>
            </div>

            <div @click="find_item_id(item)" class="cart_del clearfix"
style="display: inline-block; position: absolute; top: 10px; right: 10px;">
                <div class="del_top">
                </div>
                <div class="del_bottom">
                </div>
            </div>
                <div class="cart_item">
                    <div class="cart_item_box">
                        <div class="check_box">
                        </div>
                    </div>
                    <div class="cart_detial_box clearfix">
                        <a class="cart_product_link">
                            <img :src="item.image" alt="">
                        </a>
                        <div class="item_names">
                            <a>
                                <span>{{item.title}}</span>
                            </a>
                        </div>
                        <div class="cart_weight">
                    <span class="my_color" style="color:
#979292;">{{item.title}}</span>
                        </div>
                        <div class="cart_product_sell">
                            <span class="product_money">￥<strong
class="real_money">{{item.price}}</strong></span>
                            <div class="cart_add clearfix">
                                <span @click="minus(item.id)" class="my_jian">-
</span>
                                <input type="tel"
class="my_count" :value="item.quantity">
```

```html
                    <span @click="add(item.id)" class="my_add">+</span>
                </div>
            </div>
        </div>
    </div>

    <div class="pop" style="display: none">
        <div class="pop_box">
            <div class="del_info">
                确定要删除该商品吗?
            </div>
            <div class="del_cancel">
                取消
            </div>
            <div @click="deleteItem" class="del_ok">
                确定
            </div>
        </div>
    </div>

    <div class="cart_fo">
        <footer class="cart_footer">
            <div class="count_money_box">
                <div class="heji">
                    <strong>合计:</strong>
                    <strong style="color: #ff621a; font-size: 18px;">{{ total | currency }}</strong>
                </div>
                <a :disabled="!products.length" @click="checkout(products)" class="go_pay">
                    <span style="color: #f5f5f5; font-weight: 600;">结算</span>
                </a>
            </div>
        </footer>
    </div>
  </main>
```

```
</template>
<script>
import { mapGetters } from 'vuex'
import { go } from '../libs/router'
import {check,animatDelBox} from '../assets/js/cart.js'
import { useStore } from 'vuex'

    export default{
      data(){
       return{
         need_delete_item: {},
        }
      },
      mounted(){
       check();
       animatDelBox();
     },
     computed: {
       ...mapGetters({

         // 这个方法是该页面的核心，数组就来自于这个方法
         products: 'cartProducts',
         checkoutStatus: 'checkoutStatus'
       }),
       total () {
         return this.products.reduce((total, item) => {
           return total + item.price * item.quantity
         }, 0)
       }
     },
     methods: {

       // 跳转到支付页面
       checkout (products) {
         go("/shops/dingdanzhifu", this.$router)
       },

       // 对于商品的数量进行增加
```

```
    add (id) {
      this.$store.dispatch('changeItemNumber', {id, type: 'add'})
    },

    // 对于商品的数量进行减少
    minus (id) {
      this.$store.dispatch('changeItemNumber', {id, type: 'minus'})
    },

    // 删除某个商品
    deleteItem () {
      this.$store.dispatch('deleteItem', this.need_delete_item.id)
    },

    find_item_id (item) {
      this.need_delete_item = item
    }
  },
  store: useStore()
}
</script>
<style >
</style>
```

（3）修改 Vuex 的函数，把下面代码添加到 src/vuex/actions.js 文件中：

```
export const deleteItem = ({ commit }, id) => {
  commit(types.DELETE_ITEM, {
    id: parseInt(id)
  })
}

export const changeItemNumber = ({ commit }, {id, type}) => {
  console.info(id)
  commit(types.CHANGE_ONE_QUANTITY, {
    id: parseInt(id),
    type
  })
}
```

（4）修改 src/vuex/getters.js 文件，添加如下内容：

```
// 该方法会被购物车页面所引用
export const cartProducts = state => {
  return state.shopping_car.added.map(({id, quantity, title, price, image }) => {
    return {
      id,
      title,
      price,
      image,
      quantity
    }
  })
}
```

上面的代码实现了购物车的若干功能，比如可以对商品数量进行增减；当商品数量改变时，商品总价也随之修改等。

4. 效果图

购物车页面如图 8-23 所示。

图 8-23　购物车页面

5. 总结

购物车的数据是通过 Vuex 保存的。

购物车中商品数量的增减可以直接影响到商品总价。这个功能使用 Vuex 来实现非常适合，解决方案也非常优雅。如果使用传统的方式来做的话，代码就会非常臃肿，而且难以实现。

8.12 微信支付

微信支付最难的地方不在于技术，而是在于微信有一套自己的技术规范，建议读者查看官方文档。虽然有一些现成的工具（如 Ping++）集成了微信支付功能，但是往往这类产品入门门槛低，深入门槛高，后期交易量大了之后收费也很高昂，出了问题不好调试。另外，支付功能是核心技术，一定要亲自掌握，不要过于依赖第三方。

接下来的内容前提是微信的支付配置都已经做好了。

1. 添加支付页面的路由

为路由文件 src/router/index.js 增加如下代码：

```
import Dingdanzhifu from '@/components/dingdanzhifu'
// ...
  routes: [
    {
      path: '/shops/dingdanzhifu',
      name: 'Dingdanzhifu',
      component: Dingdanzhifu
    },
  ]
// ...
```

2. 添加支付页面

新增 src/shops/pay.vue，内容如下：

```
<template>
  <div class="background">
    <!-- 顶部标题 -->
    <header class="top_bar">
      <a onclick="window.history.go(-1)" class="icon_back"></a>
```

```html
        <h3 class="cartname">订单支付</h3>
    </header>

    <div class="tast_list_bd" style="background-color: #F3F3F3; padding-top: 0; padding-bottom: 80px;">
        <div class="goods_detail" style="">
            <main class="detail_box">
            <span class="divider"></span>
            <!-- 这里要求用户输入收货信息-->
            <form style="margin-top: 45px;">
                <div class="column is-12">
                    <label class="label">收货人</label>
                    <p class="control has-icon has-icon-right">
                        <input name="name" v-model="mobile_user_name" :class="{'input': true }" type="text" placeholder="例如：张三" autofocus="autofocus"/>
                    </p>
                </div>

                <div class="column is-12">
                    <label class="label">收货地址</label>
                    <p class="control has-icon has-icon-right">
                        <input name="url" v-model="mobile_user_address" :class="{'input': true }" type="text" placeholder="例如：北京市朝阳区大望路西西里小区 4 栋 2 单元 201"/>
                    </p>
                </div>

                <div class="column is-12">
                    <label class="label">收货电话</label>
                    <p class="control has-icon has-icon-right">
                        <input name="phone" v-model="mobile_user_phone" :class="{'input': true }" type="text" placeholder="例如：18888888888"/>
                    </p>
                </div>
            </form>

            <span class="divider"></span>
```

```html
<!-- 如果只是为单个产品支付的话，这里展示用户购买的数量和总价-->
<section class="product_info clearfix" v-if="single_pay">
  <div>
    <div class="fu_li_zhuan_qu" >
      <img :src="good_images[0]" class="logo_image"/>
      <div class="content" >
        <div class="title">
          {{good.name}}
        </div>
        <div class="logo_and_shop_name">
          <div class="product_pric">
            <span>￥</span>
            <span class="rel_price">{{good.price}}</span>
            <span>   x {{buy_count}}</span>
          </div>
        </div>
      </div>
    </div>
  </div>
</section>
<!-- 如果同时为多个产品支付的话，这里展示用户购买的数量和总价-->
<section class="product_info clearfix" v-else v-for="product in cartProducts">
  <div>
    <div class="fu_li_zhuan_qu" >
      <img :src="product.image" class="logo_image"/>
      <div class="content" >
        <div class="title">
          {{product.title}}
        </div>
        <div class="logo_and_shop_name">
          <div class="product_pric">
            <span>￥</span>
            <span class="rel_price">{{product.price}}</span>
            <span>   x {{product.quantity}}</span>
          </div>
```

```html
            </div>
          </div>
       </div>
    </section>


    <section>
       <span class="divider" style="height: 15px;"></span>
       <div class="extra_cost" style=" ">
          <span style="float: left; margin-left: 15px;"> 卖家留言:</span>
          <input v-model="guest_remarks" id="extra_charge" type="text"
name="cost" placeholder="选填:对本次交易的说明" style="border: 0; background-
color: white;
            font-size: 15px; color: #48484b; outline: none; width: 60%;"/>
       </div>
    </section>

    <!-- 这里展示应付的金额 -->
    <section>
       <span class="divider"></span>
       <div class="extra_cost" style=" ">
          <span style="float: left; margin-left: 15px;"> 应付金额:</span>
          <div v-if="single_pay" class="rel_price" type="text" name="cost" >
{{total_cost | currency }}</div>
          <div v-else class="rel_price" type="text" name="cost"> {{ total |
currency }}</div>


       </div>
    </section>
    </main>


    <span class="divider"></span>

    <div style="height: 55px; display: flex; width: 100%; padding: 0px 10px;
background-color: #fff;" @click="">
       <div style="flex: 1; display: flex;">
```

```html
                <div style="margin-top: 10px;">
                    <img src="@/assets/wechat_icon_3x.png" style="width: 35px;"/>
                </div>
                <span style="margin-top: 8px; font-size: 18px; line-height:40px; margin-left: 10px;">微信支付</span>
            </div>

            <div style=" padding: 14px 10px;" @click="user_wechat">
                <img src="@/assets/chosen_3x.png" style="width: 28px;"/>
            </div>
        </div>
      </div>

      <div class="shop_layout-scroll-absolute" style="">
        <div class="queding" @click="buy">
          立即支付
        </div>
      </div>
    </div>

  </div>
</template>
<script>
    import { go } from '../../libs/router'
    import { mapGetters } from 'vuex'
    import { useStore } from 'vuex'
    const axios = require('axios');
    export default{
        data(){
            return {
                good_images: [],
                good: "",
                buy_count: this.$route.query.buy_count,
                good_id: this.$route.query.good_id,
                open_id: this.$store.state.userInfo.open_id,
                mobile_user_address: '',
```

```
            mobile_user_name: '',
            mobile_user_phone: '',
            guest_remarks: '',
            is_use_wechat: false,
        }
    },
    watch:{
    },
    mounted(){
      if (this.single_pay) {
          axios.get(this.api + '/goods/goods_details?good_id=' +
this.good_id).then((response)=>{
              console.info(this.good_id)
              console.info(response.data)
              this.good = response.data.good
              this.good_images = response.data.good_images
          },(error) => {
              console.error(error)
          });
      }
    },
    computed:  {

        total () {
          return this.cartProducts.reduce((total, p) => {
            return (total + p.price * p.quantity)
          }, 0)
        },

        single_pay () {
           return this.good_id && this.buy_count
        },
        total_cost () {
          return this.good.price * this.buy_count
        },
        ...mapGetters({
```

```js
      cartProducts: 'cartProducts',
      checkoutStatus: 'checkoutStatus'
    })
  },
  store: useStore(),
  methods:{
    validateBeforeSubmit() {
      //这里省略了表单验证的代码
      return new Promise((resolve, reject) => {
        resolve(true)
      })
    },
    plus () {
      this.buy_count = this.buy_count + 1
    },
    minus () {
      if(this.buy_count > 1) {
        this.buy_count = this.buy_count - 1
      }
    },
    user_wechat () {
      if (this.is_use_wechat === false) {
        this.is_use_wechat = true
      } else {
        this.is_use_wechat = false
      }
    },
    buy (){
      let result = this.validateBeforeSubmit().then((resolve)=>{
        if (resolve) {
          let params = {}
          if (this.single_pay) {
            params = {
              good_id: this.good_id,
              buy_count: this.buy_count,
              total_cost: this.total_cost,
```

```
            guest_remarks: this.guest_remarks,
            mobile_user_address: this.mobile_user_address,
            mobile_user_name: this.mobile_user_name,
            mobile_user_phone: this.mobile_user_phone,
            open_id: this.open_id
          }
        } else {
          console.info(this.total)
          params = {
            goods: this.cartProducts,
            total_cost: this.total,
            guest_remarks: this.guest_remarks,
            mobile_user_address: this.mobile_user_address,
            mobile_user_name: this.mobile_user_name,
            mobile_user_phone: this.mobile_user_phone,
            open_id: this.open_id
          }
        }
        axios.post(this.api + '/goods/buy', params ).then((response) =>
        {
          let order_number = response.data.order_number
          this.purchase(order_number)
        }, (error) => {
          console.error(error)
        });
      } else {
        console.info('false ==== 请填写完整的收货信息')
      }
    });
  },
  purchase (order_number) {
    //调起微信支付界面
    if (typeof WeixinJSBridge == "undefined"){
      if( document.addEventListener ){
        document.addEventListener('WeixinJSBridgeReady', this.onBridgeReady, false);
```

```
        }else if (document.attachEvent){
          document.attachEvent('WeixinJSBridgeReady', this.onBridgeReady);
          document.attachEvent('onWeixinJSBridgeReady', this.onBridgeReady);
        }
      }else{
        this.onBridgeReady(order_number);
      }
    },
    onBridgeReady (order_number) {
      let that = this
      let total_cost
      if (this.single_pay) {
        total_cost = this.total_cost
      } else {
        total_cost = this.total
      }
      axios.post(this.api + '/payments/user_pay',
      {
        open_id: this.$store.state.userInfo.open_id,
        total_cost: total_cost,
        order_number: order_number
      }).then((response) => {
        WeixinJSBridge.invoke(
          'getBrandWCPayRequest', {
            "appId": response.data.appId,
            "timeStamp": response.data.timeStamp,
            "nonceStr": response.data.nonceStr,
            "package": response.data.package,
            "signType": response.data.signType,
            "paySign": response.data.paySign
          },
          function(res){
            // 下面代码仅用于调试,可以查看微信返回的信息
            // alert("res.err_msg: " + res.err_msg + ", err_desc: " + res.err_desc)
```

```
                    if(res.err_msg == "get_brand_wcpay_request:ok" ) {
                        // 使用以上方式判断前端返回,微信团队郑重提示:res.err_msg 将在用户
支付成功后返回 ok,但并不保证它绝对可靠
                        // go to success page
                        that.$router.push({ path: '/shops/paysuccess?order_id=' +
order_number });
                    } else {
                        // 显示取消支付或者失败
                        that.$router.push({ path: '/shops/payfail?order_id=' +
order_number });
                    }
                }
            );
        }, (error) => {
            console.error(error)
            //alert(error)
        });
      }
    },
  }
</script>
```

核心代码如下:

```
onBridgeReady (order_number) {
  //…
  axios.post(this.$configs.api + '/payments/user_pay',
  {
    open_id: this.$store.state.userInfo.open_id,
    total_cost: total_cost,
    order_number: order_number
  }).then((response) => {
    WeixinJSBridge.invoke(
        'getBrandWCPayRequest', {
            "appId": response.data.appId,
            "timeStamp": response.data.timeStamp,
            //…
```

```
      },
      function(res){
          //…
      }
    );
  }, (error) => {
    console.error(error)
  });
}
```

上面的代码用于页面一准备好（即 WeixinJSBridge 准备好了）的时候，当前页面就要调用的情况。

```
purchase (order_number) {
  //跳到微信支付页面
  if (typeof WeixinJSBridge == "undefined"){
    if( document.addEventListener ){
      document.addEventListener('WeixinJSBridgeReady', this.onBridgeReady, false);
    }else if (document.attachEvent){
      document.attachEvent('WeixinJSBridgeReady', this.onBridgeReady);
      document.attachEvent('onWeixinJSBridgeReady', this.onBridgeReady);
    }
  }else{
    this.onBridgeReady(order_number);
  }
},
```

上面的代码用于打开微信支付页面。其中 WeixinJSBridge 是微信浏览器自带的变量，不必声明直接调用即可。

4. 效果图

微信的支付页面的打开（图略）。

5. 总结

- 微信支付的细节处理都交给了后端处理。只要前端把参数准备好，直接访问后端链接 http://shopweb.sweetysoft.com/api/payments/user_pay 即可。
- 新手很难掌握变量 WeixinJSBridge，需要多查看文档。另外，微信支付对于后端开发来说难度更高，建议后端开发人员多查多试。
- 在微信的后台要配置不同的支付目录。Android 和 iOS 的配置是不一样的。建议大家百度一下。
- 微信的支付场景对应的支付方式和实现方式是不一样的。本例是"微信的公众号内支付"。
- 微信官方文档提供的例子仅有基于经典的 Web 页面（非 SPA）的情况，目前还没有看到 SPA 的例子。建议大家遇到问题多上网搜索。

由于篇幅限制，微信相关的内容不再赘述。

8.13 回顾

本章我们把一个公益扶农的项目从零到一搭建了起来。实际上这是笔者公司参与的一个真实项目，我们使用 Vue.js 开发之后，很快就交付给了甲方使用。

使用 Vue.js 来做开发，有以下好处：

- 开发效率更高。
- 页面解耦更加彻底，整体结构清晰，文件组织合理。
- 可以很方便地引用现成的组件。
- 就算遇到难题，也比使用其他的框架简单不少。
- 自带的双向绑定，极大地节省了开发时间。
- 前/后端分离得非常彻底，特别适合做微信端、H5 端的开发。

为了节约篇幅，本章的代码中都省去了 <style> 的内容，以及很多跟核心功能无关的 JavaScript/Vue 代码，读者在学习、动手实践的时候，不要只输入书中的代码，而应该到 GitHub 上把代码下载到本地，再进行输入或修改。